Manuela Zaitz

Die große Trickkiste für Hunde

PFIFFIGE BESCHÄFTIGUNG FÜR DRINNEN UND DRAUSSEN

CADMOS

Haftungsausschluss:

Die Autorin war bei allen Beschreibungen und Anleitungen bemüht, auf sämtliche Risiken hinzuweisen. Jedoch kann bei der Arbeit mit lebenden Tieren, selbst bei größter Aufmerksamkeit, einmal ein Unfall passieren.

Weder Autorin noch Verlag übernehmen für Unfälle und Verletzungen, die aus der Nutzung der Anleitungen aus diesem Buch entstehen, die Haftung und bitten die Leser um größtmögliche Sorgfalt beim Tricksen mit Hund.

Habt Spaß und achtet gut auf euren Hund!

Impressum

CADMOS im CADMOS Verlag

unveränderter Nachdruck 2023

Covergestaltung: Gerlinde Gröll

Layout und Satz: DAS AGENTURHAUS Werbe und Marketing GmbH

Coverfoto: Manuela Zaitz

Fotos im Innenteil: Manuela Zaitz, Andreas Maurer

Illustrationen: shutterstock.com/AnastasiiaM, Semiletava Hanna, curiosity, svaga

Lektorat: Claudia Hötzendorfer

Druck: www.graspo.com

Deutsche Nationalbibliothek – CIP-Einheitsaufnahme
Die Deutsche Nationalbibliothek verzeichnet diese Publikation in der Deutschen Nationalbibliografie; detaillierte bibliografische Daten sind im Internet über http://dnb.ddb.de abrufbar.

Printed in EU

ISBN: 978-3-8404-2061-0

INHALT

Foto © M. Zaitz

Foto © M. Zaitz

EINLEITUNG

Foto © M. Zaitz

Liebe Trickser,

seit 2007 und 2009 meine Bücher *Trickschule für Hunde* und *Neues aus der Trickschule* erschienen sind, ist viel passiert. Ich habe einiges dazugelernt und möchte mein erworbenes Wissen mit dieser überarbeiteten Zusammenfassung meiner ersten Trickbücher durch verbesserte Anleitungen an euch weitergeben. Mir liegt das Trickdogging sehr am Herzen und meine Freude daran möchte ich mit euch teilen.

Inzwischen nutze ich bestimmte Worte und Formulierungen nicht mehr, weil sie ein Bild des Hundes transportieren, das dem aktuellen Forschungsstand nicht mehr entspricht. Durch das über die Jahre hinzugekommene Wissen hat sich auch mein Training verändert und die Bedürfnisse der Hunde sind viel mehr in den Fokus gerückt.

Gerade das Tricksen mit den Vierbeinern ist wunderbar, um viel über Lernverhalten zu erfahren, weil man ungezwungen und ohne Druck an die Sache herangehen kann. In entspannter Atmosphäre lernen nicht nur wir Menschen viel besser, sondern auch unsere Hunde.

Gemeinsame Lernerlebnisse tragen zu einer guten Teambindung bei, wenn sie so gestaltet sind, dass sie beiden Spaß machen. Deshalb zerlegen wir die einzelnen Tricks in kleine Trainingsschritte und sorgen so dafür, dass der Hundekumpel stetig Fortschritte machen kann.

In diesem Buch findet ihr Tricks, die für Anfänger und Fortgeschrittene gleichermaßen geeignet sind. Ich erkläre euch ausführlich die leichteren Tricks, angefangen beim *Pfötchengeben* bis hin zu schwereren Kunststücken, wie zum Beispiel *Gegenstände auf dem Po balancieren*. Alle, die das Trickfieber bereits gepackt hat, finden neue Ideen und Anregungen. Für einige der Kunststücke sind Hilfsmittel erforderlich. Die meisten davon finden sich aber in jedem Haushalt oder lassen sich mit ein wenig Einfallsreichtum ersetzen.

Einige der Tricks stammen aus der Behinderten-Begleithunde-Ausbildung, wie zum Beispiel das *Licht-Anmachen*. Denn auch euer Hund kann ein Service-Dog sein und im Haushalt ein wenig zur Hand gehen. Aber auch echte Filmhundetricks findet ihr auf den kommenden Seiten.

Viel Spaß beim Tricksen!

Foto © M. Zaitz

BASICS

Die Grundvoraussetzung, um mit dem Erlernen von Tricks zu beginnen, ist, dass ihr die Zeit, Lust und Geduld dazu aufbringt. Im Idealfall ist euer Hund gut mit Leckerchen zu motivieren. Bitte entzieht ihm aber kein Futter, damit er williger mitarbeitet, sondern schaut, für welche Leckerbissen er gern mitarbeitet.

Lernen funktioniert am besten in einer ruhigen Umgebung. Stress und Leistungsdruck tragen nicht zu einer entspannten Lernatmosphäre bei und sind zu vermeiden. Falls ihr aus irgendeinem Grund schlecht gelaunt seid, reizbar oder ungehalten, trainiert besser ein anderes Mal. Denn eure Stimmung überträgt sich auf den Hund und die Atmosphäre wird schnell angespannt, der Hund wird unsicher und Fehler im Training häufen sich. In solchen Fällen würde ich abbrechen und etwas anderes Schönes mit dem Hund machen. Zum Beispiel Kuscheln auf der Couch oder ein Spaziergang. Tricksen soll beiden Teampartnern, Mensch und Hund, Spaß machen. Ich möchte, dass ihr eine gute Zeit miteinander habt, und das geht nicht, wenn der eine genervt und der andere verunsichert ist.

Bereitet deshalb in Ruhe alles für die Übungseinheit vor. Schneidet die Leckerchen in kleine Häppchen, legt alles bereit, was ihr für den Trick benötigt, schaltet Fernseher, Radio oder Handy aus, ruft euren Hund und legt los.

Es wird sicher mal passieren, dass ihr trotz guter Trainingsvorbereitung und toller Stimmung mit einem bestimmten Trick nicht vorankommt. In solchen Fällen gibt es verschiedene Lösungsansätze: Es kann sehr hilfreich sein, einmal einen anderen Menschen aufs Training schauen zu lassen, um Fehlerquellen zu entdecken. Alternativ könnt ihr das Training mit dem Smartphone filmen und nachher analysieren. Der Blick von außen bringt manchmal ganz neue Erkenntnisse. Zu Beginn ist es vielleicht ein seltsames Gefühl, sich selbst beim Training zu sehen. Aber das verliert sich schnell und diese Aufnahmen sind ja nur für euch zur Kontrolle gedacht. Macht euch beim Anschauen Notizen und überlegt, was ihr verbessern könnt. Vielleicht wird es besser, wenn man den Futterpunkt verändert, die eigene Position zum Hund oder eine andere Requisite wählt.

Foto © M. Zaitz

Die Videoaufnahme dient nur der eigenen Kontrolle.

Wenn das Training ganz verfahren ist, hilft es auch mal, ein paar Tage Pause zu machen und an anderen Dingen zu arbeiten. So löst sich manchmal ein Knoten ganz von selbst.

Bei allen Sprüngen, die in diesem Buch beschrieben werden, ist darauf zu achten, dass Hund und Mensch gesund und körperlich dazu in der Lage sind. Der Untergrund muss dafür stets weich sein, eine Wiese oder Sand eignen sich bestens.

Springt euer Hund generell schlecht, landet er zu steil auf Vorder- oder Hinterhand, hat er ein körperliches Gebrechen oder ist noch nicht ausgewachsen, verzichtet bitte auf die Tricks, die Sprünge beinhalten. Wenn ihr deshalb unsicher seid, holt euch Rat bei einem Hunde-Physiotherapeuten. Bitte bedenkt, dass die Sicherheit eures Hundes immer vorgeht und er von sich aus nicht darauf achten wird. Das ist daher eure Aufgabe.

Konditionierte Verstärker, Clicker und Markerwort

Hiiiiilllfeeeee, Fachbegriffe! Keine Sorge, es wird nicht zu theoretisch, und schwierig hoffentlich auch nicht. Ich möchte aber, dass ihr versteht, wie Hunde lernen und agieren. Hunde tun Dinge, weil sie sich lohnen, und zeigen es dann immer häufiger. Verhalten, das sich für sie nicht lohnt, wird nicht mehr gezeigt. Lohnenswert für den Hund sind zum Beispiel Lob, Spiel oder Futter. Das alles sind unkonditionierte (primäre) Verstärker. Unkonditioniert deshalb, weil wir dem Hund nicht beibringen müssen, dass diese Dinge toll sind; er weiß, dass sie sehr lohnenswert für ihn sind.

Nun könnten wir daraus den Schluss ziehen: Wenn der Hund ein gewünschtes Verhalten zeigt, geben wir ihm ein Leckerchen und er hat gelernt, was er tun soll. Dafür muss sich der Hund aber in unserer unmittelbaren Nähe befinden. Das Bestärken eines Verhaltens, das in ein paar Metern Entfernung von uns ausgeführt wird, ist so jedoch unmöglich. Natürlich könnten wir den Hund jetzt mit der Stimme loben. Ob dieses Lob allerdings ein Verstärker ist, bestimmt der Hund.

Und hier kommt der konditionierte Verstärker ins Spiel: Ein bestimmtes Geräusch (mit dem Clicker erzeugt oder ein Zungenclick) oder ein spezielles Wort (Marker) werden als sekundärer Verstärker etabliert. Wir verknüpfen das Geräusch oder Markerwort mit einer immer darauffolgenden Belohnung. So lernt der Hund sehr schnell, dass immer (!), wenn er das Geräusch hört, danach eine Belohnung folgt. Ob ihr einen Clicker wählt, mit der Zunge „clickt" oder ein Markerwort verwendet, für jeden Verstärker gibt es gute Gründe: Der Clicker macht ein sehr spezielles Geräusch, ist je nach Modell relativ laut und sticht aus Umgebungsgeräuschen deutlich heraus. Markerwort und Zungenclick haben den Vorteil, dass man damit die Hände frei hat und auch spontanes Verhalten des Hundes schnell belohnt werden kann. Ihr könnt auch beides nutzen. Probiert es doch einfach mal aus.

Foto © M. Zaitz

Der Click verstärkt das erwünschte Verhalten.

Clicker gibt es in den unterschiedlichsten Varianten.

Die Konditionierung auf Clicker oder Markerwort geht recht schnell. Dieses neutrale Geräusch müssen wir zunächst mit einer Bedeutung für den Hund versehen. Zu Beginn „verschenkt" ihr zehn oder zwölf sehr gute Kekse/beliebte Leckerchen, wie nun beschrieben, an euren Hund: Ihr macht das Geräusch, das zukünftig die Belohnung ankündigen soll, während der Hund einfach nur in eurer Nähe ist. Unmittelbar nach dem Geräusch greift ihr zu den Keksen oder Leckerchen und gebt ihm eines davon. Das wiederholt ihr zehn- bis zwölfmal. Haben sich der Click oder das Markerwort etabliert, könnt ihr mit ihrem Einsatz beginnen:

Fragt eine Übung ab, die der Hund bereits kennt und ausführen kann. Das kann ein *Sitz* oder ein *Pfötchengeben* sein. In dem Moment, in dem der Hund das Verhalten ausführt, clickt ihr oder sagt das Markerwort, greift danach zur Belohnung und gebt sie eurem Hund. Achtet bitte auf die Reihenfolge, denn viele Hunde können sich zu Beginn nicht so gut konzentrieren, wenn ihr die Hand schon in der Tasche habt oder gar die Leckerchen in der Hand haltet.

So könnt ihr punktgenau dem Hund eine Rückmeldung geben, wofür er sich nun eine Belohnung verdient hat, auch wenn das Timing geübt werden will. Ich vergleiche es gern mit dem Fotografieren: Wenn ihr ein Bild davon haben möchtet, wie euer Hund Pfötchen gibt, müsst ihr in dem Augenblick auf den Auslöser drücken, in dem ihr dieses Bild seht. Drückt ihr zu früh auf den Auslöser, seht ihr die Pfote in der Luft; löst ihr zu spät aus, hat der Hund die Pfote vielleicht schon wieder heruntergenommen. So ist es mit dem Click oder Markerwort auch. Seid ihr zu früh oder zu spät, belohnt ihr ein anderes Verhalten. Punktgenaues Bestätigen ist kein Hexenwerk. Man kann es üben und es lohnt sich!

Schritt für Schritt

Wenn ihr das Buch durchblättert, werdet ihr vielleicht schnell eine Vorstellung bekommen, was ihr eurem Hund davon nun als Erstes beibringen möchtet. Auch wenn es schwerfällt, sucht euch bitte erst mal nur eine Sache heraus, lest euch den Trick in Ruhe durch und schaut, welche Grundsignale hierfür vonnöten sind. Beherrscht euer Hund diese noch nicht, beginnt zuerst mit dem Grundsignal oder wählt einen anderen Trick. Sind Hilfsmittel erforderlich, Leckerchen, Clicker oder ein Targetstick, legt euch zuerst alles bereit, bevor ihr den Hund mit dazuholt.

Manche Tricks sind komplex, und um nachher sicher abrufbar zu sein, muss das Grundgerüst stimmen. Ein langsames, sicheres Aufbauen der einzelnen Tricks ist also sehr wichtig. Übt möglichst auch nicht mehrere Tricks gleichzeitig, das verwirrt meist nicht nur den Hund, sondern oft auch den Halter.

Seid gute Trainer für euren Hund, motiviert ihn und seid geduldig. Das Tolle beim Tricksen ist, dass man es individuell auf den eigenen Hund zuschneiden kann. Egal ob euer Hund noch sehr jung ist oder schon älter, ob er ein körperliches Handicap hat oder „voll im Saft steht", für alle gibt es passende Tricks. Nicht jeder Hund muss alles können, auch hat jeder Hund seine Stärken und Schwächen. Die Kunst ist es, diese zu erkennen und so mit dem Hund erfolgreich arbeiten zu können.

Als Erwachsene haben wir manchmal vergessen, wie sich Lernen anfühlt und dass es keine lineare Linie ist, die direkt zum Erfolg führt. Wenn ihr merkt, dass ihr häufig ungeduldig mit eurem Hund seid, dann fordert euch doch mal selbst heraus: Sucht euch etwas aus, was ihr eigentlich immer schon mal lernen wolltet: Jonglieren, Klavierspielen oder vielleicht Stepptanz. Ihr werdet feststellen, wie frustrierend es ist, wenn ihr die Lernziele zu hoch ansetzt. Ihr werdet sehen, dass Erlerntes, das am Vortag noch gut geklappt hat, auf einmal nicht mehr sicher sitzt. Und ihr werdet erleben, wie großartig das Gefühl ist, wenn ihr in kleinen, aber machbaren Schritten zum Erfolg kommt.

Verlangt nicht zu viel auf einmal von eurem Hund.

Foto © M. Zaitz

Signaleinführung

Eine der häufig gestellten Fragen ist, wann wir denn anfangen, das Verhalten des Hundes zu benennen. Ich empfehle immer, erst dann ein Signal hinzuzufügen, wenn ihr bereit seid, Geld zu verwetten – und möglicherweise zu verlieren! –, dass euer Hund das Verhalten zuverlässig zeigen kann.

Ein Beispiel: Erst wenn der Hund immer wieder bereitwillig einen Gegenstand aus dem Maul fallen lässt und gegen ein Leckerchen tauscht, geben wir das Signal *Aus* dazu. Würden wir bereits *Aus* sagen, während der Hund den Gegenstand noch im Maul hat oder, noch schlimmer, während wir mit ihm darum zergeln, wäre die einzige logische Verknüpfung für den Hund: *Aus* heißt, den Gegenstand festzuhalten und gegebenenfalls daran zu ziehen.

Um zuverlässig ein Signal mit einer Handlung zu verknüpfen, bedarf es einer Menge Wiederholungen. Bei manchen Signalen fällt es dem Hund vielleicht auch ganz leicht, eine verbindliche Angabe gibt es leider nicht. In alten Büchern finden sich manchmal noch Zahlen, dort ist von 2000 Wiederholungen die Rede. Ich habe die Erfahrung gemacht, dass es eher daran liegt, wie gut Training gestaltet ist, wie sauber das Signal eingeführt wurde und wie motiviert der Hund ist, wie oft wiederholt werden muss. Auch der grundsätzliche Trainingsstand des Hundes und der Wissensstand des Halters haben einen Einfluss.

Euer Hund lernt leichter, wenn ihr ein klares Signal gebt. Ganze Sätze, die zudem noch variiert werden, wie zum Beispiel „Mach mal Aus“, „Aus!

Foto © M. Zaitz

Kira kennt neben einem Signalwort auch das passende Sichtzeichen.

Jetzt!“ oder „Machst du wohl Aus“, machen für euren Hund das Signal nicht klar verständlich. Zusätzlich muss er dann noch lernen, aus den unterschiedlichen Sätzen immer das gleiche Wort herauszufiltern. Damit macht ihr es ihm viel schwerer als nötig.

Es empfiehlt sich, immer zusätzlich zum Lautsignal auch ein Sichtzeichen zu etablieren. Das ist ein großer Vorteil, denn im Alter werden die Sinne nachlassen, und dann ist es gut, wenn ihr die Signale variieren könnt. Es kommt also auf das richtige Timing an. Im Idealfall gebt ihr das einzuführende Signal einen kurzen Augenblick, bevor der Hund das gewünschte Verhalten zeigt. Je geübter und erfahrener ihr im Training seid und je besser ihr euren Hund kennt, umso einfacher wird es euch fallen. Aber keine Sorge, selbst wenn ihr das Verhalten erst benennt, während der Hund es gerade ausführt, kann er es verknüpfen.

Bodentarget

Target bedeutet Ziel. Ein Bodentarget ist daher ein am Boden liegendes Ziel. Grundsätzlich gibt es unzählige Targets mit mannigfaltigen Einsatzmöglichkeiten, aber das wäre Stoff für ein neues Buch.

Ein Bodentarget nutzen wir, um den Hund an einer bestimmten Stelle platzieren zu können. Das ist sehr praktisch für viele Tricks, bei denen wir den Hund an einer genauen Stelle positionieren müssen, wie zum Beispiel bei Sprüngen. Ebenso, wenn ihr gern Fotos von eurem Hund macht, bei denen er mit fliegenden Öhrchen auf euch zugerannt kommt. So müsst ihr ihn nicht für jedes einzelne Bild wieder an einer bestimmten Stelle absetzen, sondern könnt ihn zurück zum Target schicken. Eine Voraussetzung dafür ist, dass er bereits die Pfote geben kann. Fragt das zwei- bis dreimal hintereinander ab und belohnt ihn. Im nächsten Schritt nehmt ihr das Target und legt es auf eure Hand. Ihr müsst kein spezielles Target kaufen, es kann ein altes Mousepad, ein Bierdeckel oder ein Topflappen sein. Berührt der Hund nun das auf eurer Hand liegende Target, markert und belohnt ihn dafür. Von Mal zu Mal senkt ihr eure Hand etwas mehr ab. Klappt es weiterhin gut, legt ihr das Target auf den Boden, lasst eure Hand aber noch ein wenig darunter. Berührt auch jetzt der Hund wieder das Target, kommt der spannende Moment und ihr nehmt eure Hand weg. Klappt es, super! Marker und Jackpot. Falls nicht, geht ihr wieder einen Schritt zurück.

Sobald euer Hund es sicher schafft, die Pfote auf das vor ihm liegende Target zu setzen, beginnt ihr damit, das Target so zu verschieben, dass er einen Schritt machen muss, um es berühren zu können. Dehnt die Entfernung immer weiter aus. Für Fotos könnt ihr sehr unauffällige Targets wählen, einen Stein oder ein Blatt zum Beispiel.

Foto © M. Zaitz

GRUNDSIGNALE ZUM AUFBAU DER TRICKS

Mit Grundsignalen meine ich in diesem Fall nicht Sitz, Platz, Fuß oder Ähnliches. Sicher sind es sehr wichtige Signale, die euer Hund wahrscheinlich auch schon beherrscht. Mir geht es jedoch um Signale, die zur Ausführung der Tricks im Buch notwendig werden. Es handelt sich um wiederkehrende Signale, die euch beim Erarbeiten der verschiedenen Tricks helfen können.

Nimm

Auf das Signal *Nimm* soll der Hund einen von euch gewünschten Gegenstand ins Maul nehmen. Bei vielen Hunden ist das ganz einfach: Sie haben ein Lieblingsspielzeug, einen Ball oder ein Stofftier. Nehmt das Spielzeug in die Hand, haltet es dem Hund hin und schaut, ob er hineinbeißt. Tut er das, bestätigt ihn sofort mit einem Click oder eurem Markerwort. Gleich darauf folgt die Belohnung. Klappt es mit Spielzeug oder Ball sicher, könnt ihr mit einfachen Alltagsgegenständen beginnen: Taschentücherpäckchen, Socken, Leine etc. Wenn auch das ohne Probleme funktioniert, könnt ihr den Schwierigkeitsgrad etwas heraufsetzen und übt mit Geldscheinen, Schlüsseln oder Ähnlichem. Viele Hunde scheuen sich, metallene Dinge wie zum Beispiel Schlüssel ins Maul zu nehmen. Ihr könnt es eurem Hund in diesem Fall leichter machen, indem ihr ein Band oder einen gut zu fassenden Anhänger am Schlüssel befestigt.

Wenn der Hund den Gegenstand nicht ins Maul nehmen möchte, werdet kreativ. Macht den Gegenstand spannend, sorgt dafür, dass er gut riecht. Spielt mit dem Gegenstand, ohne jedoch den Hund zu beachten. Tut das so ausgelassen, dass euer Hund auch unbedingt damit spielen möchte. Denkt dabei daran, dass die Gegenstände, mit denen ihr übt, darunter leiden können. Soll euer Hund zum Beispiel ein Telefon ins Maul

Foto © M. Zaitz
Beginnt mit einfachen Dingen, wie mit dem Lieblingsspielzeug …

Foto © M. Zaitz
… und wenn es so gut klappt, auch mit anderen Dingen.

nehmen, übt bitte nicht mit einem Handy der neuesten Generation. Nehmt stattdessen ein defektes oder sehr altes Telefon, das ihr nicht mehr benötigt. Auf dem Flohmarkt finden sich wahre Schätze zum Üben.

Touch

Beim *Touch* soll der Hund Gegenstände mit der Pfote berühren. Es gibt verschiedene Möglichkeiten, ihm dies beizubringen. Zum Beispiel mit einem sogenannten Targetstick. Der Targetstick ist das, was ihr vielleicht noch aus der Schule aus dem Erdkundeunterricht kennt. Ein Zeigestock, der wie eine Antenne ausgezogen werden kann und so in der Länge variabel ist. Es gibt für das Clickertraining spezielle Targetsticks, die eine abgerundete, etwas größere Spitze haben. Genauso gut kann man auch eine Fliegenklatsche als Target verwenden. Zeigt eurem Hund den Targetstick. Lasst ihn daran schnüffeln und gebt ihm Zeit, das Ding gründlich zu untersuchen. Bestätigt zu Beginn jeden Pfoteneinsatz und achtet darauf, den Stab so zu halten, dass der Hund nur die Zeigespitze treffen kann. Markert und belohnt nur das Treffen der vorgegebenen Fläche, um dem Hund sicher zu vermitteln, wofür genau es eine Belohnung gibt. Klappt es zuverlässig, könnt ihr das Signalwort *Touch* einführen.

Mit dem Targetstick könnt ihr nun den Hund anleiten, unterschiedliche Gegenstände zu berühren und die Pfote am gewünschten Ort einzusetzen. Das Ausschleichen des Targets bei den einzelnen Übungen geht dann recht einfach. Ihr

Foto © M. Zaitz

Ihr könnt einen Targetstick verwenden …

Foto © M. Zaitz

… oder zum Beispiel auch eine Fliegenklatsche nehmen.

lasst den Hund mehrfach hintereinander mithilfe des Targetsticks den Gegenstand berühren, markert und belohnt ihn. Wartet bitte ab, ob euer Hund auch ohne die Hilfe des Targetsticks auf die Lösung kommt. Klappt das nicht, übt ihr noch eine Weile mit Stick weiter.

Eine andere Möglichkeit ist es, einen Klebepunkt oder ein simples Post-it anstelle eines Targets zu nehmen. Das funktioniert am besten, wenn ihr den Klebezettel anfangs in die Hand klebt und euren Hund die Pfote drauflegen lässt. Allmählich „verschiebt" ihr den Klebezettel zum Beispiel auf den Finger oder den Arm. Im nächsten Schritt könnt ihr dazu übergehen, den Zettel auf den Boden zu kleben oder auf Gegenstände, die euer Hund berühren soll.

Achtet beim Üben gut darauf, dass ihr nur das Berühren belohnt und nicht etwa Kratzen oder Hauen mit der Pfote, ihr bekommt sonst ein völlig anderes Verhalten.

Stups

Auf das Signal *Stups* berührt der Hund Gegenstände mit seiner Nase. Der einfachste Weg, das aufzubauen, ist es, dem Hund die Hand vor die Nase zu halten. Sobald er sich annähert und mit seiner Nase die Hand berührt, bestätigt ihr euren Hund. Manchmal hilft es, die Hand erst etwas spannend zu machen, beispielsweise eine Faust zu machen, sie sich vor den Mund zu

Foto © M. Zaitz

Markert und belohnt jede Berührung eurer Hand.

Foto © M. Zaitz

Bluna rollt auf das Signal: *Stups* einen Ball.

halten, ein lustiges Geräusch zu machen und sie dann dem Hund hinzuhalten. Viele Hunde werden dadurch so neugierig, dass sie gleich genauer schauen wollen und mit der Nase die Hand berühren.

Ebenfalls möglich ist, das *Stups* mit dem Targetstick oder dem Klebepunkt wie beim *Touch* zu erarbeiten. Dann würde ich allerdings Targets verwenden, die sich deutlich voneinander unterscheiden, damit euer Hund sicher weiß: „Aha! Targetstick: Also immer die Nase dran. Fliegenklatsche: Immer die Pfote drauf." So erleichtert ihr euch das Training.

Nähert sich euer Hund zwar der Hand, stupst aber nicht, könnt ihr euch mit einem kleinen Trick behelfen: Nehmt ein Leckerchen in die Hand und schließt sie zur Faust. Haltet sie dem Hund hin, und wenn er beim Riechen daran die Hand berührt, markert und belohnt ihr sofort. Das wiederholt ihr ein paarmal, entfernt dann unauffällig das Leckerchen aus der Hand und versucht, ob der Hund trotzdem wieder mit der Nase die Hand berührt. Klappt auch das gut, fangt ihr an, die Hand leicht zu öffnen, immer ein klein wenig mehr als zuvor.

Erst wenn der Hund das Verhalten sicher wiederholen und zeigen kann, beginnt ihr mit der Signaleinführung.

Zieh

Das *Zieh* ist ein Signal, das wir für viele Tricks benötigen. Ich würde hierfür ein weiches Seil, einen Fleecestrick oder eine alte Socke nutzen.

Kennt euer Hund schon das Signal *Nimm*, könnt ihr ihm einfach das Seilende hinhalten. Zieht er unbeabsichtigt beim Hineinbeißen, könnt ihr das

Liz tauscht bereitwillig das Seil gegen ein Leckerchen

sogleich belohnen. Mag der Hund so gar nicht hineinbeißen und ziehen, könnt ihr versuchen, ihn zu einem kleinen Zergelspiel zu animieren. Wichtig ist dabei ein kontrollierter Ablauf, bei dem ihr sofort beim ersten Ziehen markert und belohnt. Wiederholt diesen Ablauf noch ein paarmal und versucht es dann wieder mit dem Hinhalten des Stricks. Sobald euer Hund zuverlässig zieht, wenn ihr ihm den Strick hinhaltet, könnt ihr mit der Einführung des Signals beginnen.

Bring

Euer Hund soll auf das Signal *Bring* einen von euch gewünschten Gegenstand bringen. Wenn er noch nicht apportieren kann, beginnt in ganz kleinen Schritten. Nehmt eines seiner Spielzeuge oder einen anderen Gegenstand, mit dem ihr üben möchtet und den der Hund gerne nimmt. Diesen legt ihr direkt vor euren Hund. Wenn ihr euch dazu auf den Boden hockt, seid ihr schneller, wenn es ans Tauschen geht. Nimmt euer Hund den Gegenstand ins Maul, tauscht ihr rasch ein Leckerchen dagegen ein. Dazu streckt ihr eine Hand aus und haltet ihm für den Tausch einen Keks vor die Nase.

Tatsächlich ist es für viele Hunde schwer, begehrte Gegenstände abzugeben. Deswegen ist es nicht nur für das Tricksen wichtig, dass der Hund gut belohnt wird, wenn er Gegenstände gern tauscht. Sollte euer Hund sich damit entfernen wollen, sobald er den Gegenstand aufgenommen hat, leint ihn an, bis er das tolle Tauschspiel verstanden hat.

Sobald der Hund freudig das Spielzeug fallen lässt, könnt ihr den Schwierigkeitsgrad etwas erhöhen. Dazu legt ihr den Gegenstand nicht mehr direkt vor euch ab, sondern wenige Zentimeter seitlich versetzt. In kleinen Schritten erhöht ihr die Entfernung immer etwas mehr. Macht die Schritte nicht zu schnell zu groß. Denkt immer an das solide Fundament, das ihr benötigt.

In die Hand geben

Der Hund gibt euch einen Gegenstand in die Hand. Voraussetzung hierfür ist, dass er Dinge bereits ins Maul nimmt und eventuell sogar schon apportiert. Der Hund steht mit dem Gegenstand im Maul vor euch. Haltet eine Hand unmittelbar unter den Fang und bietet mit der anderen Hand ein Leckerchen so zum Tausch an, dass der Gegenstand in eure Hand fallen kann, wenn der Hund loslässt, um das Leckerchen zu nehmen. Hat er das gefressen, ermuntert ihr ihn, den Gegenstand wiederaufzunehmen, und wiederholt das In-die-Hand-Geben einige Male. Wählt euer Tauschobjekt so, dass der Hund es gern tauschen möchte. Für ihn wäre es beispielsweise ein schlechter Tausch, das neue Spielzeug gegen etwas Trockenfutter herzugeben. Dies könnte dazu führen, dass er daraufhin nicht mehr so gut mitarbeitet. Nehmt ihr hingegen ein relativ unattraktives Spielzeug, das gegen Fleischwurst getauscht wird, werdet ihr feststellen, wie rasch sich das Training verändert.

Gut aufgebaut, bringt euer Hund jeden beliebigen Gegenstand.

Immer wenn das Training gut läuft, erhöhen wir den Schwierigkeitsgrad, entweder indem wir die Gegenstände variieren oder indem wir beginnen, die Entfernung zur Hand zu vergrößern. Haltet eure Hand nicht mehr direkt unter den Fang, sondern ein paar Zentimeter seitlich davon. Hat euer Hund schon verstanden, dass es die Belohnung gibt, wenn das Spielzeug in eurer Hand landet, wird er den Kopf etwas drehen, um dann das Spieli in eure Hand abzugeben. Belohnt ihn in diesem Fall gleich mit einem Jackpot. Fällt der Gegenstand zu Boden, weil der Hund noch nicht richtig verknüpft hat, geht einfach einen Trainingsschritt zurück und übt über mehrere Einheiten noch mit der Hand unter dem Fang, bevor ihr es erneut versucht. Ziel ist es, dass der Hund Gegenstände in die Hand legt, egal auf welcher Höhe ihr diese haltet, immer im Rahmen der körperlichen Voraussetzungen eures Hundes.

Morris legt den Knochen in die ausgestreckte Hand.

Foto © M. Zaitz

BEVOR IHR STARTET

Vielen der Tricks habe ich einen Namen gegeben und ein Signal dafür vorgeschlagen. Selbstverständlich könnt ihr auch selbst kreativ werden und den Dingen einen anderen Namen geben. Beim Einführen eines Signals achtet darauf, dass ihr es erst einführt, wenn ihr euch sicher seid, dass der Hund das gewünschte Verhalten ausführen kann. Auch wenn das zuerst nur mit eurer Hilfe oder mit Leckerchen geschieht.

Im Alter zahlt es sich aus, dass ihr sowohl Sichtzeichen als auch Lautsignale trainiert habt.

Foto © M. Zaitz

Grundsätzlich bin ich eine Freundin davon, Sichtzeichen und Lautsignale einzuführen, und zwar so, dass der Hund entweder auf das eine oder das andere Verhalten sicher ausführen kann. Wenn Hunde älter werden, ist es wahrscheinlich, dass seine Sinne nachlassen. Wie praktisch ist es, wenn ihr dann auf mehrere Optionen in der Kommunikation zurückgreifen könnt.

Belohnung und Bestätigung: Welche Leckerchen sind sinnvoll?

In jeder Beschreibung der Tricks ist die Rede von Bestätigung und Belohnung. Die ideale Belohnung, die für jeden Hund gilt, gibt es nicht, denn es ist für jeden Hund sehr individuell. Es gibt Hunde, die toll für ihr Trockenfutter arbeiten und mit Begeisterung bei der Sache sind. Aber das muss nicht bei allen so sein. In solchen Fällen könnt ihr versuchen, den Anreiz zu erhöhen, indem ihr eine attraktivere Bestätigung wählt. Probiert einfach mal verschiedene Varianten aus, zum Beispiel industriell gefertigte Leckerchen oder aber stark riechenden Käse, Geflügelwürstchen, getrockneten Fisch oder getrocknete, klein geschnittene Lunge. Kocht Hühnerfleisch oder Hühnerherzen und findet heraus, was euer Hund am liebsten mag. Beobachtet euren Hund aufmerksam während des Trainings. Wenn ihr den Eindruck habt, er kann sich wegen der guten Kekse gar nicht mehr konzentrieren, fahrt wieder etwas die Attraktivität herunter. Wenn ich mit meinen Hunden trainiere, habe ich in der Regel drei unterschiedliche Qualitäten an Leckerchen dabei. Einmal sehr attraktive, das ist im Fall meiner Hunde Käse. Dann habe ich Würstchen oder Fleischwurst und das normale Trockenfutter. Ich mag es, tat- und schuldangemessen zu belohnen, das bedeutet: Führt der Hund einen Trick oder ein Verhalten so aus, dass es eine Eins mit Sternchen dafür geben müsste, gibt es die absolut beste Belohnung, die ich dabeihabe (den Käse). Ist es nur so mittelprächtig, aber ich hatte schon gemarkert, gibt es das Trockenfutter. Für alles, was dazwischenliegt, gibt es die zweitbesten Leckerchen. So könnt ihr sehr schön über die Qualität der Belohnung das Verhalten angemessen verstärken.

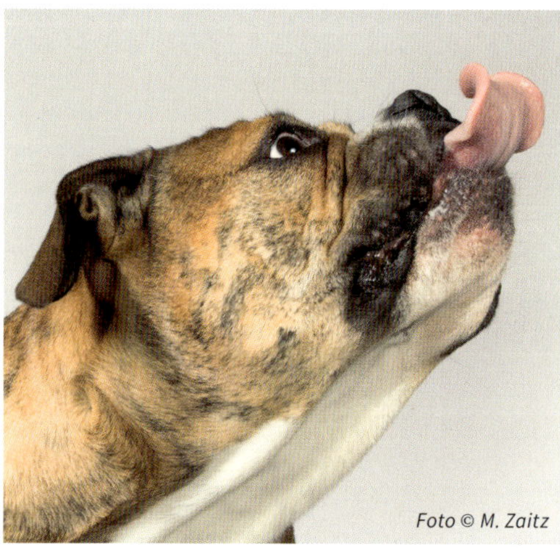

Foto © M. Zaitz

Futterbelohnungen sind sehr hilfreich beim Aufbau von Tricks.

Wenn ihr euch nicht sicher seid, was euer Hund am liebsten mag, probiert es mal mit einer Muffinform, die ihr mit unterschiedlichen Leckereien bestückt. Macht ein Foto von oben davon, damit ihr nachher noch wisst, welche Leckerchen wo waren. Dann filmt ihr, während euer Hund die Kekse aus den Förmchen fischt. Auf dem Video könnt ihr später schön analysieren, in welcher Reihenfolge euer Hund die Kekse gefressen hat. Um ganz sicherzugehen, wiederholt ihr das noch zwei Mal. Hunde mögen solche Entscheidungsangebote.

Probiert in einer Muffinform mit verschiedenen Leckerchen aus, was euer Hund am liebsten mag.

Foto © M. Zaitz

Denkt aber bitte daran, die Leckerchen, die ihr im Training verfüttert, von der Tagesfutterration abzuziehen, sonst habt ihr bald einen übergewichtigen Hund.

Natürlich ist eine Belohnung nicht zwangsläufig etwas zu essen, das wäre zu kurz gedacht. Ich nutze für meine Hunde viele Belohnungsvarianten, wie zum Beispiel Rennspiele, Buddeln, ins Wasser springen lassen, mit anderen Hunden spielen oder Zergelspiele. Aber beim Aufbau von Tricks und auch anderem Verhalten ist eine Futterbelohnung sehr praktisch und in meinen Augen das Mittel der Wahl. Welche Art von Bestätigung ihr auch wählt, bedenkt bitte, dass ihr zeitnah und punktgenau belohnt, damit der Hund sein Verhalten mit der Belohnung verknüpfen kann. Hierbei ist das Arbeiten mit Markersignal oder Clicker eine großartige Hilfe.

Ich weiß nicht, wie oft ich in den letzten Jahren die Aussage gehört habe, der Hund solle das alles aber auch ohne Belohnung machen. Warum sollte er? Hunde sind hoch soziale Tiere und wir sollten ihnen

Anerkennung dafür zollen, dass sie mit uns arbeiten. Die meisten von uns hatten sicher das Bild vom besten Freund des Menschen im Kopf, als wir uns einen Hund ins Haus geholt haben. Dann verhalten wir uns doch bitte auch eines besten Freundes würdig und missbrauchen ihn nicht als Befehlsempfänger, der nix zu melden hat. Die Motivation muss stimmen. Das ist beim Hund wie beim Menschen so. Lediglich die Dinge, die uns motivieren, sind unterschiedlich. Sicherlich müsst ihr, wenn ein Trick oder ein Signal einmal gefestigt ist, den Hund nicht jedes Mal mit einem Leckerchen bestätigen, jedoch solltet ihr zumindest verbal immer eine Rückmeldung geben und variabel bestätigen.

Jackpot

Ein Jackpot ist die ultimative Belohnung. Er besteht entweder aus besonders guten Leckerchen, die ihr anstelle der üblichen Belohnungshappen gebt, wenn der Hund eine absolut tolle Leistung erbracht hat. Der Klassiker ist aber, dass der Hund anstelle eines Leckerchens eine extra große Menge davon bekommt. Diesen Jackpot könnt ihr einbauen, wenn ihr seht, dass euer

Hund einen großen Schritt nach vorn gemacht hat. Belohnt zeitnah und mit der angemessenen Begeisterung. Euer Hund soll merken, wie sehr ihr euch über seine gute Leistung freut. Jackpots halten die Motivation des Hundes sehr hoch und fördern seine Leistungswilligkeit. Ihr könnt die Leckerchen zum Beispiel auf dem Boden ausstreuen, dem Hund viele nacheinander geben oder ihn zur Belohnung den Rest der Leckerchentasche ausräubern lassen.

Dauer des Trainings

Wenn ihr euch die Beschreibungen zu einzelnen Tricks durchlest, werdet ihr vielleicht denken: „Prima, das machen wir jetzt mal!“ Eine enthusiastische Einstellung ist wunderbar, und wenn ihr mit Spaß an die Dinge herangeht, werdet ihr diese Freude auch an euren Hund weitergeben können. Bedenkt aber bitte, dass ein Hund nicht eine halbe Stunde am Stück hoch konzentriert lernen kann. Das Aufnahmevermögen eines Hundes ist von verschiedenen Faktoren geprägt: Alter, Umgebung, Temperatur, Tageszeit, Stimmung oder die Art des Lernens. Das Tolle ist: Fünf Minuten am Stück zu üben, reicht völlig aus. Übt lieber häufiger am Tag. Einige der Übungen kann man wunderbar in den Alltag einbauen, zum Beispiel während der Spaziergänge. Mehrere kleine Einheiten können sehr erfolgreich sein, denn der Hund hat mehrfach am Tag Gelegenheit, mit euch spielerisch zu trainieren, und wird so immer wieder an das Gelernte „erinnert“. Erwartet bitte nicht zu viel, weder von euch noch von eurem Hund. Manche Tricks erfordern viel Übung und sind sicher nicht an einem Tag zu erlernen. Lasst euch dadurch nicht entmutigen. Der Weg ist das Ziel! Übt in vielen kleinen Schritten, freut euch über Teilerfolge und werdet so ein immer besserer Trainer für euren Hund.

Signalkontrolle

Die Signalkontrolle ist ein wichtiger Bestandteil des Trainings. Das bedeutet, dass der Hund das gewünschte Verhalten auf Signal zeigt, es aber nicht ausführt, wenn das Signal nicht gegeben wird. Gerade bei Tricks wie *Licht anmachen* und *Halte den Dieb* ist es sehr wichtig, auf die Signalkontrolle zu achten. Ihr möchtet sicher nicht, dass euer Hund nachts um halb drei das Licht einschaltet in der Hoffnung auf eine Belohnung.

Wenn ihr also bei einem Trick so weit seid, dass der Hund das Verhalten auf Signal zeigen kann, dann verstärkt das Verhalten nicht, wenn euer Hund es zeigt, ohne es zuvor abgefragt zu haben. Manche Hunde sind sehr arbeitsfreudig und neigen dazu, gern ihr Repertoire abzuspulen in Erwartung auf eine Belohnung.

Keine Regel ohne Ausnahme: Bei Verhalten, das ich im Alltag gern häufig sehen möchte, bestätige ich auch zwischendurch, ohne dass ich es abgefragt habe, zum Beispiel, wenn sich mein Hund beim Spaziergang an mir orientiert oder wenn er, während wir essen, in seinem Körbchen liegt und nicht bettelt.

Diese Alltagsbeispiele zeigen, wie praktisch es sein kann, wenn mein Hund ein bestimmtes Verhalten immer wieder zeigt, auch ohne es von ihm abgefragt zu haben.

Generalisierung

Wenn ihr einen Trick oder ein Verhalten immer drinnen übt und euer Hund ihn beherrscht, bedeutet dies nicht, dass er dieses Verhalten auf dasselbe Signal auch draußen auf der Wiese zeigen kann. Variiert deshalb euren Trainingsort, übt mal im Wohnzimmer, mal im Schlafzimmer, im Garten, unterwegs in der Stadt oder auf einem Parkplatz. Wechselnde Orte sind für viele Hunde eine Herausforderung, und es ist gutes Training, erst ablenkungsarm zu beginnen und sich dann im weiteren Verlauf zu steigern. Wählt andere Orte, mal mehr, mal weniger Menschen oder auch einmal Ablenkung durch andere Tiere. Auch eine Veränderung in der Körperhaltung solltet ihr üben. Probiert es aus: Legt euch einmal draußen bäuchlings auf eine Wiese und gebt eurem Hund ein für ihn einfaches Lautsignal. Viele Hunde sind zunächst irritiert und schaffen es zunächst nicht, das gefragte Verhalten zu zeigen. Das ist überhaupt nicht dramatisch; wenn ihr das noch nie vorher geübt habt, ist es ganz normal. Auf diese Weise könnt ihr herausfinden, wo ihr noch Übungsbedarf habt. Achtet genau darauf, wie eure Körperhaltung ist, wenn der Hund das Verhalten noch zeigen kann, und beginnt in kleinen Schritten, davon abzuweichen. So könnt ihr eure Signale noch zuverlässiger machen, und obendrein haben Hund und Mensch richtig Spaß dabei.

Signale, die Eindruck machen

Es gibt verschiedene Möglichkeiten, Tricks mit Laut- oder Sichtzeichen zu belegen. Wenn ihr Tricks für kleine Shows, Vorführungen oder Castings nutzen möchtet, macht es Sinn, die Signale geschickt zu verpacken. Selbst wenn ihr „nur" den Besuch daheim beeindrucken möchtet, indem euer Hund vermeintlich jedes Wort versteht. Nehmen wir an, ihr möchtet, dass er das Licht einschaltet, und er hat dies bereits gelernt, dann wählt ihr dafür als Signal *Licht*. Sobald er auf das Signal *Licht* den Schalter antippt, fangt ihr an, euren Wunsch in einen kleinen Satz zu packen: „Ich brauche mehr *Licht*." Zu Beginn macht ihr das mit einer leichten Überbetonung des eigentlichen Signals, damit der Hund das Wort herausfiltern kann. Diese Überbetonung schleicht ihr dann im Lauf des Trainings immer weiter aus. So könnt ihr Besucher massiv beeindrucken. Eine andere Idee ist, für das Sockenausziehen das Signal *Ausziehen* zu verwenden. Auch das lässt sich wunderbar in einen Satz einbinden: „Ich bin so müde, kannst du mir die Socken *ausziehen*?" Achtet darauf, dass euer Hund wirklich das Verhalten schon sicher auf das Wortsignal ausführen kann, bevor ihr den Schwierigkeitsgrad erhöht. Schlummert euer Hund allerdings friedlich in seinem Körbchen, wenn ihr gerade mit ihm angeben wollt, benötigt ihr noch einen besonderen Kniff, um ihn aufmerksam zu machen. Dafür könnt ihr ein „Achtung, gleich kommt ein Signal"-Wort einführen. Dieses zieht die Aufmerksamkeit des Hundes auf sich und er weiß: Gleich kommt ein Signal. Wollt ihr dies für den unbeteiligten Zuschauer unauffällig halten, wählt ihr vielleicht ein „Ach ja" zu seufzen. Im Aufbau macht ihr das dann so: Wenn euer Hund wach und aufmerksam ist, seufzt ihr „Ach ja" und streut dem Hund sofort ein paar sehr gute Leckerchen hin. Wiederholt dies mehrfach und in unterschiedlichen Situationen. Sobald der Hund bei eurem Seufzen interessiert näher kommt, beginnt ihr damit, erst das gewünschte Signal abzufragen, und belohnt den Hund erst danach. Damit das „Ach ja" seine hohe Wertigkeit behält, solltet ihr es in Abständen immer wieder verstärken.

Arbeiten auf Distanz

Tricks machen noch mehr Eindruck, wenn sie auf Distanz ausgeführt werden können. Natürlich wird ein schön ausgeführtes *Schäm dich* auch direkt zu euren Füßen toll aussehen, trotz allem solltet ihr daran arbeiten, dass es auch klappt, wenn fünf Meter zwischen euch und dem Hund liegen. Dies solltet ihr euch kleinschrittig erarbeiten, denn so geht es am schnellsten. Ihr beginnt mit dem Aufbau von Distanz mit einem Trick oder einem Signal, das euer Hund schon gut beherrscht. Ihr fragt das Verhalten ab und belohnt es sofort. Dann vergrößert ihr die Entfernung um eine halbe Fußlänge und wiederholt die Übung. Immer vorausgesetzt, der Hund bleibt sitzen und kann das Verhalten zuverlässig zeigen, vergrößert ihr so mit diesen kleinen Schritten die Entfernung. Vergesst nicht, den Hund immer für den gut ausgeführten Trick zu belohnen. Wenn ihr bemerkt, dass euer Hund ab einer bestimmten Entfernung Probleme bekommt, geht ihr wieder einige Schritte bis zu dem Punkt auf euren Hund zu, an dem er ohne zu zögern das Signal befolgen konnte. Erst nach einigen Wiederholungen vergrößert ihr die Entfernung wieder. Falls euer Hund sofort und immer nachrutscht, um die Distanz nicht größer werden zu lassen, gibt es noch die Möglichkeit, ein Bodentarget aufzubauen oder aber den Hund auf eine leicht erhöhte Position zu setzen. Das kann ein Hocker oder ein Sessel sein. Durch diese Erhöhung könnt ihr die Distanz etwas vergrößern, während der Platz zum Runterspringen für den Hund noch nicht groß genug ist. Die meisten Hunde merken dann rasch, dass sie auch belohnt werden, obwohl sie nicht in unmittelbarer Nähe zu euch stehen.

Aufbau von Handlungsketten

Manche Tricks, wie das *Geld-Stehlen* sind auf einer komplexen Handlungskette aufgebaut. Das heißt, der Trick besteht aus einzelnen Elementen, die in einer bestimmten Reihenfolge vom Hund gezeigt werden sollen. Um es dem Hund so einfach wie möglich zu machen, beginnen wir immer mit dem letzten Teil des Tricks. Wenn der Hund dieses Stück beherrscht, nehmen wir den vorletzten Part dazu, üben diesen und reihen dann direkt den letzten Teil des Tricks dahinter, sodass wir nun schon eine kleine Kette des kompletten Tricks zusammengestellt haben.

Dies hat den Vorteil, dass der Hund beim Lernen immer einen Erfolg hat, denn den Teil, der nach dem neu zu Erlernenden kommt, kennt er bereits und weiß, dass er sich damit eine Belohnung verdienen kann. Arbeitet euch langsam von hinten nach vorn durch, bis die komplette Handlungskette steht. Um hier Fehler im Aufbau zu vermeiden, ist es sinnvoll, sich den Trick in allen Einzelheiten aufzuschreiben, dann in die einzelnen Bestandteile zu zerlegen und diese in die richtige Trainingsreihenfolge zu bringen. Übt nicht zu viel auf einmal, sondern baut solide Grundlagen auf, damit der Hund stets sicher ist, was nun als Nächstes kommt. Achtet darauf, welches Verhalten ihr belohnt. Wenn der Trick fertig aufgebaut ist, möchten wir natürlich nur am Ende der Kette belohnen. Schlaue Hunde denken allerdings mit und versuchen schon mal eine Kette abzukürzen, wenn sie die Sequenz, die belohnt wird, auch vorwegnehmen können. Achtet gut darauf und belohnt im Training gegebenenfalls auch Zwischenschritte, um die Motivation aufrechtzuhalten.

Steigt euer Hund zu früh aus der Kette aus oder ist gefrustet, schaut euch den Part an, an dem er nicht weiterkommt, und arbeitet diesen noch mal separat heraus, mit vielen Belohnungen, bis ihr ihn wieder in die Kette einbaut.

Das Nein!

Ich möchte euch bitten, auf das *Nein!* im Training zu verzichten. Es enthält einfach keine verwertbaren Informationen für den Hund, da wir gar nicht sicherstellen können, worauf der Hund dieses *Nein!* bezieht. Außerdem steht es unserem Training im Weg.

Ich möchte dies an einem Beispiel verdeutlichen: Mal angenommen, wir möchten unserem Hund das Schließen einer Schublade beibringen. Wir haben also einen kleinen Schubladenschrank oder etwas Ähnliches bereitstehen. Der Plan in unserem Kopf ist klar: Der Hund soll vorsichtig mit der Nase die Schublade anstupsen und sie so schließen. Das Problem ist, der Hund kennt den Plan in unserem Kopf nicht. Ermuntern wir ihn also nur, nun etwas mit der Schublade zu tun, kann es sein, dass er eine ganz andere Idee hat, eventuell mit beiden Pfoten gegen die Schublade springt. Nehmen wir weiter an, es läuft schief, und während sich die Schublade donnernd schließt, rutscht er mit den Krallen daran hinunter und macht so gleich ein neues Muster hinein. Viele Menschen rufen an dieser Stelle dann entsetzt: „*Nein!*" Das ist zum einen recht unfair, denn ohne uns wäre der Hund wahrscheinlich gar nicht auf die Idee gekommen, sich mit der Schublade zu beschäftigen. Zum anderen setzen wir ein *Nein!* gern als universelles Verbot ein.

Stellt euch vor, ihr trefft mit eurem Hund auf einen schönen großen Haufen Pferdeäpfel. Ihr sagt: *Nein!*, und das soll dem Hund nun sagen: Nicht fressen! Nicht apportieren! Nicht drin wälzen! Nicht da drangehen. Nix damit machen. Abgesehen davon, dass das auch keine sehr gut durchdachte Idee ist, wird hier das Dilemma klar, wenn wir das *Nein!* auf unsere Schublade übertragen. Klar, die Idee war, dem Hund auf diese Weise zu sagen, dass das Arbeiten mit der Pfote nicht gewünscht ist. Aber woher soll er das wissen? Und wenn *Nein!* sonst bedeutet: *Lass es sein*, ganz gleich, was du damit vorhast. Wie soll er dann verstehen können, dass es bei manchen Dingen nicht gilt? Nur weil wir ihn gleich wieder ermuntern, es noch mal mit der Lade zu versuchen.

Es stellt sich also die Frage: Wie umgehen wir nun dieses Dilemma? Ich versuche immer den Aufbau so fehlerarm wie möglich zu gestalten. Eine Möglichkeit wäre, dem Hund ein sicheres Signal für *Berühre es mit deiner Nase* zuerst beizubringen und erst danach mit solchen Dingen wie einer Schublade anzufangen. Man kann auch eine kleine Schublade nehmen und sie auf Nasenhöhe des Hundes halten. So ist die Wahrscheinlichkeit erhöht, dass die Nase zum Einsatz kommt.

Trainingstagebuch

Wisst ihr, wie viele Signale euer Hund beherrscht? Listet doch einfach alle Signale auf, ihr werdet überrascht sein, wie groß die Zahl sein kann. Eine wunderbare Idee ist es, die Fortschritte und Erfahrungen aufzuschreiben. Es gibt vorgefertigte Trainingstagebücher, ihr könnt euch aber auch mit einem Notizheft behelfen. Ich würde für die Signale die Seiten folgendermaßen anlegen: Zunächst lege ich eine Tabelle mit vier Spalten an. In die erste notiere ich das Verhalten des Hundes. Zum Beispiel: Hund setzt sich hin. In die zweite Spalte schreibe ich das Sichtzeichen: erhobener rechter Zeigefinger. In der dritten Spalte halte ich das entsprechende Lautsignal fest: *Sitz*. Die vierte Spalte ist für den Trainingsstand vorgesehen. Dort könnt ihr Sternchen vergeben: Ein Sternchen, wenn ich gerade mit dem Training begonnen habe, drei für: Sitzt bombenfest auch unter massiver Ablenkung an den unterschiedlichsten Orten. Alles dazwischen sind zwei Sternchen. So habe ich einen guten Überblick und sehe, wo wir noch Übungsbedarf haben.

Zusätzlich enthält mein Trainingstagebuch auch eine Liste der Tricks, die ich meinem Hund noch gern beibringen möchte. Wann immer ich eine Idee habe, mache ich mir dort eine kurze Notiz.

Handlungsketten für schwierige Tricks unterteile ich in einzelne Trainingsphasen und notiere mir den kompletten Ablauf der einzelnen Schritte in der richtigen Reihenfolge.

Habt ihr einen hibbeligen oder manchmal unkonzentrierten Hund, empfiehlt es sich, die äußeren Umstände jedes Trainingstags zu notieren. Dazu gehören der Trainingsort, das Wetter und die Stimmungslage bei Hund und Mensch. Gab es Unterbrechungen? Hat vielleicht das Telefon geklingelt? Auch die Art des Leckerchens und die Fortschritte, die ihr als Team gemacht habt, solltet ihr in eurem Trainingstagebuch festhalten. Wenn ihr das über einige Wochen fortführt, werdet ihr ein besseres Gefühl für euren Hund entwickeln

Foto © M. Zaitz

In einem Trainingstagebuch könnt ihr die Fortschritte festhalten, aber auch notieren, wo es noch ein wenig hakt.

und lernen, die besten Trainingsbedingungen für ihn herauszufiltern. Gerade wenn ihr zwei Hunde oder mehr habt, werdet ihr auf diese Weise schneller die Stärken und Schwächen des jeweiligen Hundes herausfinden, um besser darauf eingehen zu können.

Training mit Ablenkung

„Eigentlich kann er das, aber gerade ist er einfach zu abgelenkt." Kommt euch dieser Satz bekannt vor? Vielleicht, weil ihr auch Sachen mit eurem Hund geübt habt, die er „eigentlich" kann, aber nur, wenn die Ablenkung nicht zu groß ist? Die gute Nachricht ist: Das kann man üben, und so schwer ist es gar nicht. Ab dem Zeitpunkt, zu dem ihr ein Verhalten gut mit einem Signal verknüpft habt und es abrufen könnt, solange die Ablenkung nicht zu groß ist, beginnt ihr gezielt, ebendiese zu steigern.

Angenommen, ihr habt mit dem Hund das Ablegen des Kopfes geübt. Nun beginnt ihr vorsichtig, die Anforderung zu steigern, und macht eine minimale Winkbewegung mit der Hand. Dieses ablenkende Winken sollte anfangs so klein ausfallen, dass euer Hund den Trick noch zeigen kann. Markert und belohnt, wenn er diese Hürde schafft. Klappt es nicht, überlegt, welchen Zwischenschritt ihr noch einbauen könnt, damit euer Hund es hinbekommen kann. Immer wenn es gut klappt, steigert ihr die Anforderungen, das heißt, ihr bringt mehr Bewegung mit der Hand ins Spiel. Schafft euer Hund mit fortschreitendem Training auch das, steigert ihr den Schwierigkeitsgrad. Nun wedelt ihr mit der Hand, die ein Spielzeug oder ein Leckerchen hält. Für die nächste Hürde lasst ihr das Spielzeug fallen und euer Hund soll trotzdem den Kopf abgelegt lassen. Als weiteren Schritt könntet ihr Kekse neben den Hund fallen lassen.

Achtet aber immer darauf, nur so weit zu gehen, dass der Hund auch eine Chance hat, den nächsten Schwierigkeitsgrad zu schaffen. Zu früh eine Handvoll Kekse neben den Hund zu werfen und ihn dann zu hemmen, damit er nicht drangeht, ist nicht zielführend. Je mehr unterschiedliche Ablenkungen ihr kleinschrittig aufbaut, umso sicherer wird euer Hund das Verhalten trotzdem zeigen können. Und das ist wirklich lohnenswert. Behaltet auch hier wieder im Hinterkopf, dass ihr den Trick auch draußen und an verschiedenen Orten so kleinschrittig aufbauen müsst, damit es funktioniert.

Foto © M. Zaitz

ERSTE SCHRITTE FÜR ANGEHENDE TRICKSER

Pfötchengeben

Der Klassiker unter den Tricks und wohl das Kunststück, das die meisten Hunde beherrschen. Auf Aufforderung legt der Hund seine Pfote in eure Hand.

Der gängigste Aufbau geht so: Nehmt vor den Augen eures Hundes ein Leckerchen in die Hand und schließt diese zur Faust. Streckt dem Hund die geschlossene Faust auf seiner Brusthöhe entgegen. Höchstwahrscheinlich wird er durch Lecken oder Anstupsen versuchen, an das Leckerchen zu kommen. Setzt er dabei seine Pfote ein, um die Hand zu öffnen, markert ihr und bestätigt ihn sofort, indem ihr die Hand öffnet und er das Leckerchen bekommt. Das wiederholt ihr einige Male. Danach tut ihr nur noch so, als würdet ihr ein Leckerchen in die Hand legen. Klappt auch das gut und der Hund legt seine Pfote auf eure Hand, belohnt ihr sofort. Von Mal zu Mal könnt ihr dann im nächsten Trainingsschritt damit beginnen, die Hand immer weiter zu öffnen.

Foto © M. Zaitz

***Pfötchengeben* – der Klassiker unter den Tricks – hat Chilly schnell gelernt.**

Wenn es nicht gleich mit dem *Pfötchengeben* klappt, könnt ihr ein kleines Podest zur Hilfe nehmen.

Was aber ist zu tun, wenn der Hund keinerlei Reaktion zeigt? Es gibt Hunde, die sitzen tatsächlich nur vor der geschlossenen Hand und gucken. Öffnet dann noch mal die Faust und zeigt ihm das Leckerchen, schnuppert selbst interessiert daran und schließt sie wieder. Wechselt auch ruhig mal die Position, rutscht ein Stück zurück und bringt so etwas Bewegung hinein. Nutzt das alles nichts, muss ein Plan B her.

Eine pfiffige Variante ist, sich einer Stufe oder einer kleinen Erhöhung in Form eines dicken Buches zu bedienen. Lockt euren Hund mit einem Leckerchen auf die Stufe, indem ihr es so über den Kopf haltet, dass es für ihn gerade eben so nicht mehr erreichbar ist, er aber herankommen kann, sobald er die Pfote auf die Stufe setzt. Sobald er das tut, bestätigt ihr ihn. Diese Herangehensweise wird eine Reihe an Wiederholungen erfordern, aber euer Hund lernt so seine Pfote einzusetzen, um an die Belohnung zu kommen. Später könnt ihr eure Hand so positionieren, dass der Hund diese trifft, wenn er auf die Stufe steigt.

Ich würde immer empfehlen, rechte und linke Pfote mit einem unterschiedlichen Signal zu belegen, sodass ihr genau unterscheiden könnt, welche Pfote euch der Hund geben soll. Überlegt dabei, welches Signal ihr für die jeweilige Pfote wählen möchtet. Viele Menschen haben eine Rechts-Links-Schwäche und vertun sich im Verlauf des Trainings gern einmal. Das ist für Hunde verwirrend. Baut euch deshalb gute Eselsbrücken oder seid pragmatisch. Hat euer Hund zum Beispiel eine weiße und eine braune Pfote, könntet ihr euer Signal nach der Farbe wählen.

High Five

Unter Sportlern häufig zu sehen ist das *High Five*, das Abklatschen der Hände bei über dem Kopf ausgestrecktem Arm. Klingt kompliziert, ist aber eine recht leicht erlernbare Variante des *Pfötchengebens*. Voraussetzung ist, dass euer Hund das *Pfötchengeben* bereits beherrscht. Beginnt nun die Handhaltung zu ändern. Habt ihr bisher eurem Hund die Hand wie zum Handschlag entgegengestreckt, zeigen nun die Fingerspitzen nach oben, die Handinnenfläche zum Hund, die Hand knapp über Brusthöhe des Hundes gehalten. Anfänglich wird der Hund eure Hand vielleicht nur mit der Pfote streifen, das ist schon sehr gut und ihr solltet das zu Beginn bestätigen.

Schafft euer Hund es gar, seine Pfote gegen eure Hand zu drücken, und sei es auch nur ganz kurz, habt ihr den nächsten Schritt geschafft. Markert und belohnt ihn mit einem Jackpot. Von Trainingsschritt zu Trainingsschritt könnt ihr hierbei immer höher mit eurer Hand gehen, immer die körperlichen Möglichkeiten eures Hundes im Auge behaltend.

Schnell hat Urmel das *High Five* gelernt.

Kleine Hunde stellen sich dabei oft hoch auf die Hinterbeine, das sieht supernett aus und ist eine tolle Variante, die man auch mit großen Hunden einüben kann, wenn sie das *High Five* im Sitzen schon können, indem man einfach die Hand immer höher hält und der Hund mit den Vorderbeinen hochgehen muss, um an die Hand zu kommen.

Winken

Winken ist eine sehr schöne Abwandlung vom *Pfötchengeben*. Der Aufbau des Tricks ist zudem ähnlich. Wenn euer Hund schon seine Pfote geben kann, streckt ihr ihm eine Hand entgegen. Wenn er versucht, seine Pfote in eure Hand zu legen, zieht ihr diese rasch weg und bestätigt ihn für das Pfote-in-die-Luft-Schlagen. Variiert ruhig die Höhe: Denn um ein schönes Winken zu bekommen, sollte euer Vierbeiner seine Pfote

Wenn ihr mit euren Händen die Höhe variiert, behaltet bitte die körperlichen Möglichkeiten eures Hundes im Auge.

Ein schönes *Winken* erreicht ihr, wenn der Hund seine Pfote möglichst hoch hebt.

möglichst hoch heben. Etabliert als Sichtzeichen vielleicht ein Winken von euch, es sieht sehr nett aus, wenn ihr euch scheinbar gegenseitig zuwinkt.

Schäm dich

Bei diesem niedlichen Trick legt euer Hund seine Pfote über die Schnauze oder wischt sich mit ihr darüber. Ihr könnt dabei verschiedene Hilfsmittel nutzen: beispielsweise ein Post-it, ein Stück Tesafilm, das ihr bitte vorher so präpariert, dass es nicht mehr allzu gut klebt. Ihr könnt es aber auch mit einem Stück Kräuselgeschenkband oder einem ausreichend großen Spiralarmband probieren. Achtet bei diesem Trick bitte gut auf euren Hund. Er wischt sich nämlich nur über die Nase, um den Fremdkörper dort wegzubekommen. Für die allermeisten Vierbeiner ist es eigentlich keine große Sache. Sobald sie merken, dass sie sich damit eine Belohnung verdienen können, ist es für sie okay. Sollte es hingegen für euren Hundekumpel nicht in Ordnung sein oder er sogar ängstlich reagieren, lasst bitte diese Übung außen vor. Kein Trick der Welt ist es wert, sich das Verhältnis zum besten Freund zu verderben.

Und so geht es: Lasst euren Hund sitzen und legt ihm das Geschenkband auf die Schnauze. Die meisten Vierbeiner werden gleich versuchen, das störende Ding wieder loszuwerden. Benutzt euer Hund hierzu seine Pfote, bestätigt ihr ihn sofort und wiederholt die Übung. Probiert aus, welche Stelle auf seiner Nase die richtige ist: weiter vorn oder lieber weiter hinten, bei manchen klappt es auch schräg zwischen ihren Ohren hindurch. Es gibt keine allgemein gültige Regel, wo es am besten funktioniert.

Senkt euer Hund nur den Kopf und das Band fällt von allein hinunter, versucht es stattdes-

Foto © M. Zaitz

Mit einem Spiralband könnt ihr ein Mit-der-Pfote-über-die-Nase-Wischen provozieren...

Foto © M. Zaitz

sen mit einem Post-it. Diese Klebezettel in verschiedenen Größen sind ideal, weil sie zwar haften, beim Abwischen mit der Pfote den Hund aber nicht ziepen. Wenn ihr lieber Tesafilm verwenden möchtet, drückt den Klebestreifen vorher ein paarmal gegen eure Kleidung, damit die Klebekraft geringer wird. Das ist sehr wichtig, da es sonst eventuell unangenehm für euren Hundekumpel sein könnte. Auch hier variiert ihr die Stelle, bis ihr den optimalen Punkt kennt.

Wenn ihr ein Spiralarmband nutzt, lockt euren Hund, seine Nase durch das Band zu schieben, und stülpt es ihm nicht einfach über. Bedenkt, dass beim Tricktraining alle Beteiligten Spaß haben sollen.

Wie immer, wenn Hilfsmittel im Training eingesetzt werden, müssen sie wieder abgebaut werden, und das ist gar nicht so einfach. Gerade bei diesem Trick können wir nicht sicher sein, was der Hund genau lernt. Wenn wir glauben, ihn gerade für das Mit-der-Pfote-über-die-Nase-Wischen zu belohnen, verknüpft er vielleicht, dass er immer einen Marker und eine Belohnung bekommt, wenn er sich das Band oder das Post-it abstreift. Verbindet ihr jedoch ein Signal mit der Handlung und lasst danach das Hilfsmittel weg, zeigt sich, ob euer Teamkumpel wirklich das verknüpft hat, was ihr dabei im Kopf hattet.

Foto © M. Zaitz

Manche Hunde zeigen das Über-die-Schnauze-Wischen mit ihrer Pfote auch, wenn sie etwas besonders Gutes gefressen haben. Das wäre auch eine Möglichkeit, dieses Verhalten einzufangen und darauf aufzubauen.

Pfoten rechts und links überschlagen

Der Hund liegt im *Platz* und schlägt die Pfoten übereinander. Das sieht sehr niedlich und posierend aus. Manche Hunde bieten diese Pfotenhaltung von sich aus an. Das ist natürlich praktisch, denn in diesem Fall könnt ihr dieses Verhalten nutzen, um gleich zu markern und zu belohnen. Zeigt euer Vierbeiner dieses Verhalten im Alltag jedoch nicht, könnt ihr es ihm trotzdem beibringen. Dafür sollte er das *Pfötchengeben* schon beherrschen, und zwar rechts wie links.

Kniet oder setzt euch vor euren im Platz liegenden Teamkumpel. Seine Pfoten sind dabei lang ausgestreckt und zeigen in eure Richtung. Überprüft zunächst, ob er im Platz liegend überhaupt *Pfötchengeben* kann.

Vielen fällt das zunächst schwer, weil ihr das wahrscheinlich noch nie geübt habt. Klappt es jedoch, kann es losgehen: In unserem Beispiel beginnen wir mit der linken Pfote. Mit eurer rechten Hand bedeckt ihr die rechte Pfote des Vierbeiners. Nun legt ihr euren linken Arm weit über euren rechten

Durch geschickte Positionierung der Hand überkreuzt Urmel schon die Pfoten.

Nehmt eure Hand zentimeterweise weiter nach links.

Arm, Handfläche nach oben ausgestreckt, und fordert euren Hund auf, euch die linke Pfote zu geben. Euer Arm sollte so weit ausgestreckt sein, dass er die Pfote im Prinzip wie gewohnt geben kann; der einzige Unterschied ist, dass ihr dabei die Arme überkreuzt habt. Markert und belohnt, wenn euer Hund euch so die Pfote gibt. Sobald der Vierbeiner sich an eure für ihn seltsame Haltung gewöhnt hat und problemlos die linke Pfote in eure linke Hand gibt, nehmt ihr sie zentimeterweise von Mal zu Mal weiter nach links.

Allein mit dem Pfote-Ausstrecken kann er nicht mehr eure Hand erreichen, sondern muss sie immer weiter zur Seite bewegen. Ziel ist es, dass der Hund auf diese Weise beim *Linkes-Pfötchen-Geben* seine rechte Pfote überkreuzt. Wenn ihr die Hand so weit zur Seite genommen habt, dass sie nun links von eurer rechten Hand ist, und der Hund es zuverlässig schafft, die Pfoten zu überkreuzen, beginnt ihr langsam, diese auszuschleichen. Mit der rechten Hand bedeckt ihr noch eine Weile locker die rechte Pfote eures Hundes, damit er nicht versucht, diese zu geben.

Haltet eure linke Hand ein paar Zentimeter seitlich von seiner rechten Pfote entfernt. Ermuntert ihn wieder, die Pfote zu geben. Kurz bevor seine Pfote eure Hand berührt, zieht ihr sie weg, sodass die Pfoten übereinander zu liegen kommen.

Markert, belohnt und wiederholt diesen Schritt, bis euer Hund ohne Probleme eine Pfote über die andere legt. Nun müsst ihr nur noch die zweite „Hilfshand“ ausschleichen. Lasst zuerst noch zwei Finger, dann einen Finger auf der rechten Pfote liegen und übt so weiter. Macht der Hund keine Anstalten, seine rechte Pfote zu benutzen, lasst ihr auch die zweite Hand weg. Nun hat der Hund gelernt, die linke Pfote über die rechte zu legen. Möchtet ihr, dass er dies auch zur anderen Seite kann, übt den gleichen Aufbau mit der anderen Seite.

Wartet damit, bis euer Hundekumpel eine Seite gut beherrscht. Auf diese Weise kommt er beim Training nicht so leicht durcheinander. Haltet auch hier die Schritte wirklich klein; gerade, wenn euer Hund diese Position nicht von sich

Es lohnt sich, die Übung für beide Seiten aufzubauen.

aus einnimmt, ist die Dehnung und das Überkreuzen sehr ungewohnt für ihn. Habt ihr ein Exemplar mit einem sehr breiten Brustkorb und kurzen Beinen, ist das vielleicht nicht der richtige Trick für euren Kumpel, da es anatomisch für ihn kaum möglich ist.

Gib Laut – Bellen auf Signal

Es gibt Hunde, die neigen zum Bellen, und es gibt Vierbeiner, denen entlockt man kaum ein leises „Wuff". Wenn euer Hundekumpel am Zaun regelmäßig Nachbars Waldi ankläfft, ist das nicht die Situation, in der ihr ihn dafür bestätigen solltet. Denn der Lernerfolg für ein Bellen auf Signal wäre gleich null, da euer vierbeiniger Mitbewohner gerade dabei ist, Waldi mal so richtig Bescheid zu geben. Nehmt stattdessen lieber ein begehrtes Spielobjekt eures Hundes und spielt ausgelassen damit, jedoch ohne ihn miteinzubeziehen. Werft es hoch, jauchzt und seid einfach gut drauf.

Die allermeisten Hunde werden innerhalb kurzer Zeit aus Erregung bellen. Markert und belohnt euren Hund sofort und am besten mit dem Spielzeug. Denn genau das ist es, was er im Augenblick am liebsten haben möchte, und somit ist es die beste verfügbare Belohnung. Wiederholt diese Übung mehrfach. Wenn ihr sicher seid, dass euer Hund das Bellen wieder zeigen wird, gebt ihr euer neues Signal hinzu, zum Beispiel *Gib Laut*.

Beim Bellen ist die Signalkontrolle sehr wichtig. Ihr möchtet euren Hund nicht dazu erziehen, dass er euch jedes Mal anbellt, wenn er etwas von euch möchte. Ab der Einführung des Signals wird jede Lautäußerung nicht mehr belohnt oder beachtet. Wendet euch ab, geht aus der Situation und bietet sogleich eine Alternative an, wie er sich, wie von euch gewünscht, verhalten kann.

„Singen"

„Singen" ist nicht für jeden Hund etwas. Viele nordische Rassen bieten es an, aber auch andere Hunde stimmen manchmal ein begeistertes Geheul an. Wichtig: Es ist keine gute Idee, mit einem Hund zu üben, der aus Einsamkeit vielleicht

Über ein Spielzeug lassen sich viele Hunde motivieren zu bellen.

jemandem hinterherheult, der gerade das Haus verlassen hat. Dieser Hund hat ein Trennungsstressproblem und bedarf eines guten Trainers.

Einige Hunde reagieren von selbst auf Mundharmonika- oder Flötenspiel oder auf singen in hoher Tonlage mit begeistertem Geheule. Achtet darauf, dass euer tierischer Kumpel wirklich nur begeistert mit einstimmt. Er sollte nicht mitjaulen, weil die Töne so hoch und schrill sind, dass man sie kaum aushalten kann und am liebsten selbst mitheulen möchte. Singt für euren Hund und schaut, ob ihr ihn mitreißen könnt und er mit einstimmt. Tut er das, markert und belohnt ihn sofort.

Euer Hund singt leider nicht? Macht euch nichts draus, er hat sicher andere Talente, die ihr fördern könnt.

Foto © A. Maurer

Den Kopf weit nach hinten gelegt, „singt" Hannes aus vollem Halse …

Foto © A. Maurer

… und Sam stimmt begeistert mit ein.

Lockt euren Hund mit einem Leckerchen in die Seitenlage.

Stell dich tot

Es ist wohl einer der Filmtrickklassiker: Ein Hund liegt bewegungslos auf der Seite am Boden. Gerade für agile und bewegungsfreudige Vierbeiner keine leichte Übung. Aus dem Platz heraus lockt ihr euren Hundekumpel mithilfe eines Leckerchens in die Seitenlage. Dazu führt ihr zum Beispiel einen Keks vor seiner Nase in einem nicht zu engen Bogen in Richtung Rippenbogen und Körpermitte. Macht keine zu schnelle Bewegung und haltet eure Hand dabei tief, um zu vermeiden, dass der Hund aufsteht.

Um dem Leckerchen mit Nase und Augen folgen zu können, wird er sich zur Seite fallen lassen. Bestätigt hier bereits euren Hund mit dem Leckerchen, auch wenn zunächst nur die Hüfte zur Seite gekippt ist. Liegt er nun so, lockt ihr ihn mit einem weiteren Leckerchen weiter. Dabei bewegt sich eure Hand vom Rippenbogen über den Rücken und dann nach vorn, sodass der Hundekumpel ausgestreckt daliegt. Das ist ein wenig knifflig und ihr müsst ausprobieren, welches Tempo und welcher Winkel für euren Hund am besten funktionieren. Hunde, die zwar in der Hüfte abkippen, dann aber einen Ellbogen so aufstellen, dass sie beim Locken mit dem Leckerchen nicht über die Schulter abrollen, könnt ihr mit einem weicheren Untergrund unterstützen.

Zu keiner Zeit schiebt oder drückt ihr bitte den Hund zu Boden! Dies könnte er missverstehen. Ihr wollt ja den Trick gemeinsam erarbeiten und nicht einfach nur euren Hund in die gewünschte Position schieben. In dem Augenblick, da der Hund auch seinen Kopf auf die Seite sinken lässt, markert und belohnt ihr sofort.

Was tun, wenn der Hund nun aber immer wieder aufspringt, anstelle sich einfach auf die Seite fallen zu lassen, wenn ihr ihn mit dem Leckerchen in die Seitenlage locken wollt? Dafür kann es die verschiedensten Gründe geben. Manche Hunde

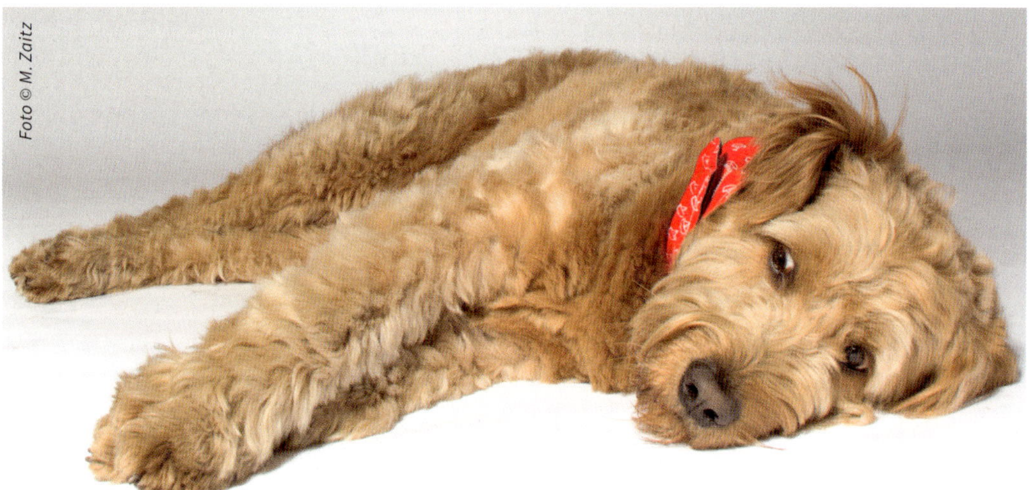

Ein Signal wie Tot-auf-die-Seite-Fallen gehört zu den Filmhundeklassikern.

liegen nicht gern auf feuchtem Untergrund, wie taunassem Gras. Anderen ist tatsächlich der Fliesenboden zu hart. Hier kann ein Wechsel des Untergrunds helfen. Auch ist vielleicht das Leckerli einfach zu gut und es hilft, ein etwas trockeneres, nicht ganz so tolles zu wählen. Manchen Hunden ist es unheimlich, wenn sich eure Hand in Richtung Genick bewegt, weil sie vielleicht früher schon mal schlechte Erfahrungen mit Menschen gemacht haben. Wenn es also so gar nicht klappen will, überlegt euch, in welchen Situationen sich euer Hund freiwillig auf die Seite legt; fangt dieses Verhalten ein und bestätigt es. Das mag länger dauern, kann aber unter Umständen viel stressfreier sein.

Männchen

Dieser Trick ist einfach und niedlich. Euer Hund sitzt dabei aufrecht auf seinen Hinterbeinen. Dafür lockt ihr den Vierbeiner mit einem Leckerchen aus dem Sitz heraus in eine aufrechte Position. Am leichtesten geht das, wenn ihr den Keks unmittelbar an der Nase des sitzenden Hundes andockt und ihn ganz langsam nach oben bewegt. Wirklich gerade nach oben und nicht von ihm weg.

Filou kann perfekt *Männchen* machen.

Markert und belohnt bereits, wenn euer Hundekumpel nur ganz kurz die Vorderpfoten vom Boden lupft. Kleine Hunde können häufig sehr schnell und sicher ein Männchen zeigen. Das liegt an den körperlichen Voraussetzungen. Um über hohes Gras oder auf den Couchtisch schauen zu können, zeigen sie dieses Verhalten häufig aus eigenem Antrieb und sind so schon entsprechend trainiert. Gerade große Hunde tun sich mit der Balance gar nicht so leicht und auch der Aufbau der Muskulatur braucht seine Zeit. Springt euer Hund sofort immer nach dem Leckerchen, versucht es mit einem Keks, der nicht ganz so attraktiv ist, und achtet darauf, die Lockbewegung mit der Hand wirklich langsam zu gestalten.

Frauchen

Dem *Männchen* sehr ähnlich, steht auch hier der Hund mit dem Oberkörper aufrecht. Allerdings sitzt der Hund hierbei nicht auf seinem Po, sondern steht aufrecht auf den Hinterpfoten. Trainiert zunächst sicher das *Männchen*, und erst wenn euer Hund das auf Signal sicher zeigen kann, beginnt ihr mit dieser Variation. Dafür nehmt ihr ein Leckerchen und lockt euren Hundekumpel so aus der sitzenden in die stehende

***Frauchen* kann Filou auch.**

Position. Dafür muss er sich mit den Hinterpfoten ordentlich hochdrücken, was keine einfache Übung ist. Auch hieraus kann man wieder Varianten erarbeiten: Eine sehr schöne, aber nicht ganz einfache Variante ist das Laufen auf zwei Beinen oder das Tanzen, das Sich-Drehen auf zwei Beinen. Damit könnt ihr beginnen, wenn euer Hund ein sicheres *Frauchen* kann, indem ihr ihn in eine Vorwärtsbewegung lockt.

Eine weitere Variante ist, abwechselnd das *Männchen* und *Frauchen* abzufragen, sodass der Hund sich aus der sitzenden Position hochdrückt ins Stehen und sich daraus wieder in die sitzende Position absenkt.

Achtung! Das ist wirklich nur eine Übung für sehr sportliche Hunde und erfordert einen guten Aufbau der Muskulatur.

Schau

Schau ist ein tolles Signal, nicht nur für Tricks. Natürlich ist es klasse, wenn es so aussieht, als ob ihr beide nur Augen füreinander habt, jedoch ist es auch in vielen Alltagssituationen sehr praktisch. Ein Hund, der euch auf Signal anschauen kann, kennt dadurch ein Alternativverhalten, um den Blick von einem fixierenden Hund abzuwenden. Neigen Vierbeiner dazu, ihr komplettes Programm abzuspulen und dabei kaum ansprechbar zu sein, habt ihr damit eine Möglichkeit, dieses Verhalten zu unterbrechen.

Ihn dazu zu bringen, euch anzuschauen, ist gar nicht so schwer. Zum einen könnt ihr dazu übergehen, jeden zufälligen Blickkontakt, den euer Hundekumpel euch schenkt, zu belohnen. Schaut er euch aufmerksam an, markert und belohnt ihr dieses Verhalten. Die meisten Hunde mögen diese Übung sehr gern, weil es mit wenig Anstrengung viele Belohnungen gibt. Neigt der tierische Kollege dazu, euch gar nicht anzuschauen, nehmt ein Leckerchen, zeigt es ihm, verschließt es in eurer Hand und führt diese dann in Augenhöhe neben den Kopf. Schaut er euch dabei an, markert und belohnt ihr dies.

Foto © A. Maurer

Dayos' *Schau* sieht nicht nur schön aus, sondern ist auch nützlich.

Übt dies – wie alle anderen Tricks auch – zunächst ohne Ablenkung, wenn euer Vierbeiner ohnehin aufmerksam und auf euch konzentriert ist. Bietet er das Anschauen nun häufiger an, eil es sich für ihn gelohnt hat, könnt ihr es mit einem neuen Signal verknüpfen.

Es ist nicht einer der ersten Tricks, die ich mit einem Hund üben würde. Obwohl es so schön einfach ist, ist es recht passiv. Voraussetzung für viele Übungen sind Vierbeiner, die gern unterschiedliche Dinge ausprobieren. Legt ihr aber gleich zu Beginn fest, dass es sich lohnt, uns auch über längere Zeit anzuschauen, mag euer Hund vielleicht nicht mehr so bereitwillig andere Verhaltensweisen ausprobieren.

Für den Aufbau dieses Tricks könnt ihr einen Klappstuhl als Hilfsmittel einsetzen.

Nicken

Bestätigung zu bekommen ist immer schön. Wie toll wäre es, wenn euer Hundekumpel euch auf die Frage: „Habe ich recht?“, zustimmend zunicken würde? Das ist gar nicht so schwer.

Ich nutze hierfür gern einen Bistrostuhl, der zwar eine Rückenlehne hat, aber auch ein „Fenster“ im unteren Rückenbereich.

Hinter der Rückenlehne setzt ihr euren Hund ab. Ihr stellt euch gegenüber, auf die Seite der Sitzfläche. Auf diese Weise habt ihr über die Lehne hinweg Blickkontakt. Senkt nun euren Kopf so, als wolltet ihr durch das „Fenster“ des Stuhls hindurchschauen. Die meisten Hunde sind bemüht, den Blickkontakt wiederherzustellen, und senken ebenfalls den Kopf. Die so entstehende Nickbewegung markert und belohnt ihr sofort. Füttert unbedingt hinter der Lehne, und zwar oberhalb, sodass der Hund seinen Kopf immer wieder gern hochhebt. Ist euer Vierbeiner nach dem Markern um den Stuhl herumgelaufen, um sich seine Belohnung abzuholen, führt ihr ihn mit dem Keks wieder zurück und gebt ihm die Belohnung erst, wenn er wieder an dem richtigen Punkt sitzt. Wiederholt die Übung mehrfach.

Wenn ihr keinen Bistrostuhl habt, geht auch ein Couchtisch oder die Sitzfläche eines Stuhls, abhängig von der Größe eures Hundes. Auch ein Besenstiel, den ihr zwischen zwei Stühle hängt, mit einem gefalteten Geschirrtuch darüber, eignet sich hervorragend. Seid einfach kreativ. Vielleicht habt ihr ja noch weitere Ideen.

Neugierig linst Dr. Pepper durch das Fenster in der Stuhllehne.

Übrigens, wenn ihr einen Besenstil verwendet, könnt ihr eure Hilfe am leichtesten wieder ausschleichen, indem ihr den Hund Stückchen für Stückchen immer weiter Richtung Rand des Besenstiels positioniert, bis er quasi danebensitzt und trotzdem auf euer Nicken hin die Übung ausführen kann.

Bei mir und meinem Hund lautet das Wortsignal für das Nicken: *Recht*. So frage ich meinen Hund gern: „Habe ich recht?“, und Morris nickt zustimmend.

Kopf auflegen

Der Hund legt den Kopf auf dem Schoß des Besitzers oder an irgendeinem beliebigen Ort ab. Manche Vierbeiner legen von sich aus gern den Kopf in den Schoß, dies könnt ihr dann einfangen und leicht ausbauen. Tut euer Vierbeiner das nicht oder ist er zu klein dazu, beginnt ihr folgendermaßen: Nehmt ein Leckerchen in die rechte Hand. Eure linke Hand streckt ihr nun mit der Handinnenfläche nach oben dem Hund entgegen. Die Hand solltet ihr dabei auf seiner Nasenhöhe halten. Dabei sollte sich die Handhaltung von der Aufforderung zum *Pfötchengeben* unterscheiden. Nehmt eure rechte Hand mit dem Leckerchen und haltet sie so vor die geöffnete linke Hand, dass der Hund, um heranzukommen, das Kinn auf eure linke Hand schiebt.

Markert und belohnt ihn dafür sofort mit dem Leckerchen. Wiederholt dies einige Male, und wenn euer Hundekumpel immer bereitwillig sein Kinn auf eurer Hand ablegt, könnt ihr beginnen, die Dauer auszuweiten. Wenn es klappt, geht ihr zum nächsten Schritt über und variiert die Handposition.

Haltet die Hand mal nach rechts ausgestreckt, mal nach links, mal etwas tiefer. Setzt euch bequem auf einen Stuhl und legt die geöffnete Hand auf euren Oberschenkel. Ist euer Hundekumpel sehr klein, setzt euch einfach auf den Boden, das funktioniert ebenso gut. Lasst ihn

Foto © A. Maurer

Gern legt TomTom den Kopf auf Frauchens Hand ab.

Foto © A. Maurer

Auf Signal den Kopf auf den Tisch legen ist erlaubt.

mehrfach das Kinn auf eurer Hand ablegen. Zieht sie dabei immer weiter zurück, sodass er nach ein paar Wiederholungen das Kinn auf dem Oberschenkel ablegt. Hat er damit noch Schwierigkeiten, geht ihr einen Schritt zurück und erhöht den Schwierigkeitsgrad etwas langsamer.

Variiert nach und nach die Orte, an denen euer Hund den Kopf auflegen soll: auf die Sofalehne, auf ein Höckerchen, einen Zaun, ein Geschenk. Vielfach sind solche Tricks im Bereich der Werbung sehr gefragt, aber auch für das eigene Fotoalbum machen sich solche Bilder einfach toll.

Kopf schief legen

Dieser Trick ist praktisch ein Filmhundeklassiker, den man in unzähligen Serien schon gesehen hat. Jemand weint oder erzählt dem Hund etwas, und der legt den Kopf zur Seite. Für den Zuschauer wirkt es so, als lausche er verständnisvoll. Der Niedlichkeitsfaktor bei diesem Trick nutzt sich nicht ab. Man kann es noch so häufig gesehen haben, ein „Ooooh!" entfährt einem fast zwangsläufig. Setzt dafür euren Vierbeiner vor euch ab und macht ein ungewöhnliches Geräusch. Das kann ein Schnalzen sein, ein Piepsen, ein leises Pfeifen oder ein Prusten mit den Lippen geformt. Schaut, ob und bei welchem Geräusch er lauscht und mit viel Glück den Kopf schief legt. Markert und belohnt das sofort, selbst wenn es nur ein leichtes Neigen zur Seite ist.

Nicht immer zeigen Hunde das gewünschte Verhalten bei den ersten Versuchen. Probiert dann einfach andere Geräusche aus, erzählt ihm leise etwas oder bittet gute Freunde einmal um ein ungewöhnliches Geräusch. Wichtig ist, dass der Hund vor euch sitzt und aufmerksam bei der Sache ist. Liegt er schlafend im Körbchen, mag er das Geräusch vielleicht ungewöhnlich finden, aber er wird nicht aufstehen, um den Kopf schräg zu legen.

Foto © A. Maurer

Verletzungsbedingt muss Pepper gerade pausieren. Das *Kopf-schief-Legen* kann sie trotzdem üben.

Bitte erschreckt den Hund nicht mit euren Geräuschen. Sollte ihm das, was er hört, unangenehm sein, vermeidet auf jeden Fall eine Wiederholung und versucht es zu einem anderen Zeitpunkt noch einmal mit für ihn angenehmeren Tönen.

Leider kann man diesen Trick nicht jedem Hund beibringen. Manchen Exemplaren könnt ihr eine breite Auswahl von Geräuschen bieten und es kommt trotzdem zu keiner Kopfbewegung. Lasst euch nicht dazu hinreißen, euren Vierbeiner manuell dazu zu bringen, den Kopf schief zu legen. Hunde mögen solche Art der Manipulation nicht und es bringt auch in den allerseltensten Fällen den gewünschten Erfolg.

Schleck

Diesen Trick könnt ihr am besten mit Leberwurst aufbauen. Nehmt einen ganz kleinen Klecks davon und streicht diesen seitlich an die Nase eures Hundes.

Hannes in Erwartung der Leberwurst.

Foto © A. Maurer

Schnell raus mit der Zunge …

Foto © A. Maurer

… und abgeschleckt!

Foto © A. Maurer

Leckt er sich nun über die Nase, markert und belohnt ihn sofort, wenn möglich mit Leckerchen, die der Hund noch besser findet als die Leberwurst. Wiederholt das einige Male und nehmt dabei immer weniger Leberwurst.

Schleckt sich euer Hund jedes Mal die Leberwurst ab, macht ihr nun einen Versuch ohne Wurst. Tut so, als ob ihr den leckeren Snack auf die Schnauze aufbringen würdet, und wartet einen Augenblick. Leckt der Hund nun von ganz allein über die Nase, markert und belohnt ihn überschwänglich. Klappt es noch nicht ohne die aufgebrachte Wurst, geht ihr zunächst einen Schritt zurück und arbeitet wieder eine Weile mit der Leberwurst als Hilfsmittel weiter, bevor ihr den nächsten Versuch ohne startet. Ein lustiges Signal für diesen Trick ist zum Beispiel *Hunger*. Dies könnt ihr auch wunderbar in eine Frage an euren Hundekumpel einbauen. Etwa so: „Hast du *Hunger*?“ Die Zuschauer glauben, er versteht jedes Wort und leckt sich schon in Vorfreude genüsslich über die Schnauze.

Ein *Küsschen* von Luke fürs Frauchen.

Küsschen geben

Immer wieder niedlich anzusehen, wenn ein Hund seinem Menschen ein vermeintliches Küsschen gibt. Optimal, wenn euer Vierbeiner vielleicht schon das Signal *Stups* beherrscht, also das Anstoßen eines Gegenstandes mit der Nase. So ist es relativ leicht, ihn dazu zu bringen, euch auf die Wange zu stupsen. Ihr könnt euch natürlich auch einen Klecks Leberwurst oder etwas Käse auf die Wange streichen. Bedenkt dabei, dass euer Hund diesen bestimmt ablecken möchte. Es wird also immer ein Zungenküsschen sein. Wem das nichts ausmacht, der kann diese Variante wählen. Immer markern, belohnen und in dem Augenblick freuen, in dem der Hund dazu ansetzt, loszuküssen.

Nehmt wirklich nur ein winziges bisschen Leberwurst und – wenn es gut klappt – geht rasch dazu über, nur noch so zu tun, als ob ihr etwas Leckeres auftragen würdet. Streckt der Hund dann gleich wieder die Nase aus, um es abzulecken, markert und belohnt ihn sofort, wenn seine Nase die Wange berührt.

Verstecken

Auf ein Signal versteckt sich euer Hund hinter der Gardine und lugt darunter hervor. Ein Trick, den ihr auch mithilfe eines Tisches und einer Tischdecke üben könnt. Aber Achtung! Übereifrige Kandidaten können Gardinen oder Tischtücher schon arg zusetzen. Übt also nicht unbedingt mit dem besten Stück. Führt den Hund hinter die Gardine und lasst ihn dort sitzen. Nun bringt ihr ihn durch Locken mit einem Leckerchen dazu, unter der Gardine hervorzuschauen.

Foto © A. Maurer

Hebt anfangs die Gardine an. So kann euer Hund dem Leckerchen leichter folgen.

Foto © A. Maurer

Wie ein Schleier liegt die Gardine über Luise.

Hebt hierfür zu Beginn die Gardine etwas an. Markert und belohnt sofort, sobald nur die Nasenspitze zu sehen ist. Besonders niedlich sieht es aus, wenn der Hund die Gardine mit der Nase anhebt und so versteckt dann sitzen bleibt. Achtung: Wenn ihr grobmaschige Gardinen habt, achtet darauf, dass er dabei nicht mit Krallen, Halsband oder Geschirr darin hängen bleiben kann.

Mit dem Schwanz wedeln

Schwanzwedeln auf Signal ist ein Trick, der gerade im Aufbau einiges an Albernheit von euch verlangt. Beginnt, wenn euer Hundekumpel in ruhig gelöster Stimmung ist. Geht zu ihm und freut euch, dass es ihn gibt, quietscht, säuselt Nettigkeiten, animiert ihn ruhig, ein wenig aufzudrehen. Im besten Fall wundert er sich nur etwas über seinen Zweibeiner. Beginnt er dann freudig mit dem Schwanz zu wedeln, markert und bestätigt ihr diesen Moment. Am einfachsten ist es, wenn ihr von Anfang an gleich das neue Signal

Chica ist eine begeisterte „Wedlerin".

„quietscht". Den Hund mit Aussprüchen wie: „Ei, ja was is' er denn für ein Feiner!", oder: „Ja, du bist ein Braver, so ein Guter!", zum Wedeln bewegen zu wollen, mag bei dem einen oder anderen funktionieren. Ich empfehle euch aber, lieber so was wie *„Wedel, wedel!"* zu jauchzen.

Aber Achtung: Solltet ihr so freudig überzeugend jauchzen, dass euer Hundekumpel gleich aufspringt, an euch hochhüpft und vor lauter Freude nicht mehr ansprechbar ist, habt ihr eure Sache zu gut gemacht. Das Hochspringen solltet ihr in diesem Fall nicht bestätigen, selbst wenn der Hund dabei wedelt, denn ihr wollt ja nur das Wedeln formen. Versucht es deshalb etwas später noch einmal, nachdem er sich wieder beruhigt hat. Nur dieses Mal besser mit etwas weniger Enthusiasmus, die Dosis erhöhen könnt ihr immer noch.

Twist und Fox

Der Hund dreht sich um sich selbst. Eine leicht zu erlernende Übung, die ihr mithilfe des Targetsticks oder aber einfach mit einem Leckerchen erarbeiten könnt. Hund und Mensch stehen sich dafür gegenüber. Zeigt eurem Teamkollegen das Leckerchen und bewegt es langsam so in einem großen Bogen von seiner Nase aus in Richtung Rute, dass er gut folgen kann. Wenn er eurer

Ein Leckerchen lockt Coco in eine Drehung um sich selbst.

Bewegung folgt und dabei die ganze Runde schafft, markert und belohnt ihr.

Um ihn mit dem Leckerchen in die Drehung zu locken, beugt ihr euch über den Hund. Dies kann manchen Vierbeinern unangenehm sein, weil es auf sie bedrohlich wirkt. Beobachtet deshalb aufmerksam die Reaktionen eures Hundes. Zeigt er Anzeichen von Unwohlsein, übt diesen Trick lieber mit dem Targetstick, sofern euer Hundekumpel bereits gelernt hat, diesem zu folgen. Habt ihr beide eine komplette Drehung geschafft, bestätigt euren Teamplayer und wiederholt die Übung.

Drehen kann sich ein Hund entweder links- oder rechtsherum. Meist tun sie sich mit einer Seite deutlich leichter als mit der anderen. Übt zu Beginn nur eine Richtung, und erst wenn diese Übung sicher klappt, beginnt ihr die Drehung zur anderen Seite. Wählt für die Drehungen in die unterschiedlichen Richtungen auch zwei verschiedene Signale, zum Beispiel *Twist* und *Fox*. Um dem Hund die Unterscheidung der Drehrichtung per Sichtzeichen zu erleichtern, bietet es sich an, ihn bei der Drehung im Uhrzeigersinn mit der rechten Hand, gegen den Uhrzeigersinn mit der linken Hand durch ein Leckerchen zu locken. Später könnt ihr dann für die Drehung nur ein Sichtzeichen nutzen. Je nachdem, ob ihr das Zeichen mit der rechten oder der linken Hand gebt, bestimmt ihr so die Richtung.

Rolle

Bei diesem Trick rollt der Hund sich einmal um sich selbst. Bitte beachtet, dass gerade bei größeren Rassen die Gefahr einer Magendrehung gegeben ist. Bei einer rassebedingten Neigung dazu verzichtet bitte auf diesen Trick. Auch bei kleineren Hunden achtet ihr bitte darauf, dass die Hunde keinen vollen Magen haben. Wenn euer Vierbeiner Rückenprobleme hat, sucht euch bitte ebenfalls einen anderen Trick aus.

Beginnt die Übung, indem ihr euren Hund ins Platz legt.

Legt euren Hundekumpel zunächst ins *Platz*. Schaut er dabei nach vorn? Sind die Hinterbeine zu einer Seite gekippt, sodass er entspannt leicht seitlich liegt? Nehmt ein Leckerchen und führt es im Bogen von der Nase des Hundes in Richtung Rippenbogen zur Körpermitte, und zwar auf der Seite, zu der seine Beine liegen.

Verfolgt er das Leckerchen durch Drehen des Kopfes, muss er sich auf die Seite fallen lassen, um es nicht aus den Augen zu verlieren. Manche Hunde springen an diesem Punkt immer wieder auf, ohne dass die Übung zu Ende geführt werden kann. Das ist überhaupt nicht schlimm. Gerade zu Beginn des Trainings ist es sogar völlig normal. Bestätigt euren Hundekumpel in diesem Fall bereits, wenn er auf der Seite liegt. Führt dann das Leckerchen langsam weiter über seinen Körper, langsam genug, dass er es weiter mit den Augen und dem Kopf verfolgen kann. Sobald euer Hund seinen Körper so weit mit herumgedreht hat, dass seine Beine zur anderen Seite zeigen, bestätigt ihr. Das Signal *Rolle* nehmt ihr erst hinzu, wenn ihr sicher

Mit der Hand oder einem Leckerchen führt ihr den Hund.

Mit Schwung rollt Agathe sich auf die andere Körperseite.

seid, dass der Hund sich zuversichtlich von euch führen lässt und tatsächlich über den Rücken rollt. Baut nach und nach die Leckerchen als Hilfestellung innerhalb der Übung ab und belohnt nur noch, wenn er komplett herumgerollt ist.

Slalom

Beim *Slalom* schlängelt sich euer Hundekumpel von rechts nach links zwischen euren Beinen hindurch, während ihr vorwärts- oder rückwärtsgeht. Dieser Trick ist häufig beim Dogdance oder beim Dogfrisbee zu sehen. Ihr könnt diese Übung wunderbar auf jedem Spaziergang einbauen. Beine, Hund und Leckerchen zu koordinieren sieht aber am Anfang oft leichter aus, als es ist. Sucht euch zunächst eine Seite aus, an der ihr beginnen möchtet. Nehmen wir an, ihr beginnt auf der linken Seite und euer Vierbeiner befindet sich auch links, dann stellt ihr den rechten Fuß vor, den linken etwas zurück, und zwar so, dass die Füße einen Durchgang für den Hund bilden. Eine kleine Eselsbrücke für alle, die gern mal rechts mit links verwechseln: Beim Vorwärtsslalom steht ihr so, dass ihr den Oberkörper leicht eurem Vierbeiner zuwenden könnt. Nehmt ein Leckerchen in die rechte Hand und lockt ihn durch die Beine. Folgt er eurer Hand, bestätigt ihn mit einem Leckerchen, sobald er eure Beine durchquert hat und ungefähr auf Höhe eurer rechten Wade ist.

Macht einen Schritt nach vorn. Nun steht euer linkes Bein vorn und der Hund befindet sich an eurer rechten Seite. Nehmt ein Leckerchen in die linke Hand und lockt ihn wieder durch die Beine. Zu Beginn ist das natürlich noch etwas steif und ungelenk, besonders wenn ihr einen kleinen Hund habt. Im Verlauf des Trainings wird es jedoch immer flüssiger werden. Im nächsten Schritt versucht ihr euren Teamkumpel auch ohne Leckerchen durch die Beine zu locken. Markert und belohnt sofort, wenn das klappt. Danach könnt ihr anfangen, nicht mehr jedes Durchqueren zu belohnen, sondern mal jedes zweite oder dritte Mal, ohne Muster. Klappt auch das gut, bleibt für weitere Durchläufe immer etwas aufrechter stehen.

Foto © M. Zaitz

Ihr belohnt den Hund erst, wenn er auf Wadenhöhe auf der anderen Seite ist.

Foto © M. Zaitz

Slalom ist eine tolle Zwischendurch-Übung beim Spaziergang.

Bei sehr kleinen Hundeexemplaren könnt ihr eventuell einen Targetstick einsetzen. So lernen sie, diesem zu folgen, und ihr müsst euch nicht so tief bücken. Bedenkt bitte, dass es Vierbeiner gibt, die ein großes Problem damit haben, wenn ein Mensch über sie gebeugt steht, und sie möchten nicht durch seine Beine hindurchlaufen. Ihr könnt es in solchen Fällen mit dem Targetstick versuchen und euch dabei ruhig mit dem Oberkörper vom Hund abwenden, um möglichst wenig bedrohlich auf ihn zu wirken. Manchmal könnt ihr das Eis auch brechen, indem ihr einen Ball oder ein Leckerchen zwischen euren Beinen hindurchrollen lasst, sodass er diesem folgen kann. Damit er dabei aber nicht um euch herumläuft, solltet ihr einen strategisch günstigen Platz wählen, wie zum Beispiel einen Türrahmen.

Achten durch die Beine

Diese Übung ist im Prinzip nur eine Abwandlung des Slaloms, jedoch bleibt ihr dafür auf der Stelle stehen. Stellt euch breitbeinig hin und platziert euren vierbeinigen Teamkollegen an eurer linken Seite. Beugt das rechte Knie leicht und lockt ihn mit einem Leckerchen von vorn links nach hinten rechts, indem ihr das Leckerchen in eurer rechten Hand von hinten gut sichtbar zwischen den Beinen haltet. Durchkreuzt euer Hund nun eure Beine, bekommt er die Belohnung. Nun befindet er sich an eurer rechten Seite. Ihr beugt jetzt das linke Knie leicht und lockt den Hund mit einem Leckerchen von vorn rechts nach hinten links durch. Dieses leichte Beugen des Knies wird zum Sichtzeichen für die Achten durch die Beine.

Für diese Übung bleibt ihr auf der Stelle stehen und euer Hund bewegt sich durch eure Beine hindurch.

Lockt euren Hundekumpel mit einem Leckerchen in die gewünschte Richtung.

Geschafft!

Rückwärts einparken

Für diesen Trick steht euer Hundekumpel frontal vor euch, dreht sich dann um und geht rückwärts durch eure Beine. Stellt euch dazu mit leicht gespreizten Beinen hin, ein Leckerchen in der Hand. Der Hund steht vor euch und schaut euch an. Zeigt ihm das Leckerchen, haltet es vor seine Nase, bewegt dann die Hand langsam und in großem Bogen in einem Halbkreis in Richtung seines Hinterteils.

Je nach Trainingsstand des Hundes könnt ihr ihn mit einem Leckerchen oder nur mit der Hand führen.

Kann euer vierbeiniger Freund bereits eurer Hand oder einem Targetstick folgen, könnt ihr diese stattdessen nutzen. Bewegt eure Hand so langsam, dass euer Hund ihr gut folgen kann. Je weiter ihr die Drehung von euch weg beginnt, umso schwieriger wird es. Versucht also beim Führen den Bogen weit zwischen euren Beinen zu beginnen. Ihr dreht so den Hund um 180 Grad, sodass er immer noch vor euch steht, aber diesmal mit dem Hinterteil in eure Richtung. Mithilfe des Leckerchens führt ihr ihn nun rückwärts zwischen euren Beinen durch.

Solltet ihr das *Rückwärtsgehen* bereits mit eurem Hundekumpel geübt haben, fällt der Einstieg in diesen Trick leichter. Besonders leicht geht das Führen mit dem Leckerchen, wenn ihr zum Beispiel einen Keks unmittelbar vor der Nase des Hundes haltet, um ihn dann schnell auf Brusthöhe des Hundes zu bewegen. Die meisten Vierbeiner wollen schauen, wohin der Keks verschwunden ist, und gehen einen Schritt zurück, um ihn zu sehen. So führt ihr den Hund, bis er durch eure Beine hindurch und hinter euch ist. Dort bekommt er dann seine Belohnung.

Achtung! Bewegt ihr den Keks zu langsam auf seine Brusthöhe, kann es sein, dass er sich ins *Platz* legt. In diesem Fall geht einfach einen halben Schritt vorwärts, lockt ihn mit dem Leckerchen mit nach vorn und versucht es dann noch mal. Mit voranschreitendem Training baut ihr die Leckerchen als „Führhilfe" ab und setzt nur noch eure Hand ein. Schaut, ob ihr die Führbewegung im Verlauf des Trainings verkleinern könnt. So könnt ihr eine sehr abgeschwächte Version davon als Sichtzeichen verwenden.

Rückwärtslaufen

Für diesen Trick möchte ich euch eine Variante vorstellen, bei der ihr euch nicht auf den Hund zubewegt und ihn bedrängt, damit er sich rückwärts von euch wegbewegt. Dafür nehmt ihr ein Leckerchen, stellt euch locker und breitbeinig so hin, dass euer Vierbeiner bequem zwischen euren Beinen hindurchpasst. Lockt ihn zwischen eure Beine, indem ihr einen Keks so hinter euch haltet, dass er den Kopf bis ungefähr zur Schulterpartie hindurchsteckt. Gebt ihm den Keks und nehmt eure Hand in einer körpernahen Bewegung schnell wieder nach oben. Körpernah deshalb, damit ihr nicht etwa durch eine ausladende Bewegung euren Hundekumpel auffordert, durch eure Beine hindurch-zulaufen.

Die meisten Hunde fressen das Leckerchen, stellen fest, dass sie in dieser Position ihren Besitzer nicht anschauen können, gehen dann einen kleinen Schritt nach hinten und stehen so wieder vor ihrem Menschen. Diesen kleinen Schritt rückwärts markert und belohnt ihr sofort. Sollte euer Hund wiederholt keinen Schritt rückwärtsmachen, sondern stattdessen einfach durch eure Beine nach hinten durchlaufen, positioniert eine Kiste oder einen Stuhl hinter euch, je nach Größe eures Hundekumpels. So verhindert ihr auf simple Art diesen Fehler. Gerade bei kleinen Hunden kommt es häufig vor, dass sie sich in der Rückwärtsbewegung hinsetzen. Das liegt daran, dass sie uns aufgrund ihrer Größe im Sitzen besser in die Augen schauen können und höchstwahrscheinlich haben wir in ihrem Hundeleben das *Sitz* sehr wertvoll verstärkt. Es kann deshalb hilfreich sein, den Trick nicht im Stehen zu beginnen, sondern auf einem Stuhl sitzend. Die Übung ist ansonsten gleich aufgebaut. Zu Beginn habt ihr auf diese Weise nur eine kleine Distanz, die ihr markern und belohnen könnt. Hat euer Hund erst einmal verstanden, dass er die Belohnung für das Rückwärtsgehen bekommt, könnt ihr ver-

Foto © M. Zaitz

Stellt euch locker so hin, dass der Hund bequem zwischen eure Beine passt.

Foto © M. Zaitz

Markert und belohnt jeden kleinsten Schritt rückwärts.

suchen, einfach etwas später zu markern und zu schauen, ob er bereit ist, noch einen oder zwei zusätzliche Schritte rückwärtszugehen.

Die andere Möglichkeit wäre, mit einem Hinterhandtarget zu arbeiten. Dafür nehmt ihr zum Beispiel eine Badezimmermatte oder ein Stück Isomatte, idealerweise etwas, das sich von dem Untergrund, auf dem ihr arbeitet, deutlich unterscheidet. Das Target sollte ausreichend groß sein, sodass der Hund es auch trifft, wenn er leicht schräg laufen sollte. Platziert es so hinter ihm, dass er es mit dem ersten Schritt rückwärts gleich treffen kann. Markert und belohnt, sobald der Hund mit der Hinterpfote das Target berührt. Hat er diesen Trainingsschritt verinnerlicht, geht ihr eine halbe Fußlänge – wirklich nicht mehr – nach hinten und probiert, ob der Hund diese wenigen Zentimeter nun zusätzlich geht, um mit der Hinterpfote das Target zu treffen. Klappt das, übt ihr ein paarmal auf dieser Entfernung, und wenn euer Hund die zusätzliche Länge zuverlässig schafft, geht erneut eine halbe Fußlänge nach hinten. So vergrößert ihr elegant die Entfernung zum Target und damit auch die Strecke, die der Hund rückwärtsgehen soll.

Spielaufforderung

Die Vorderkörpertiefstellung wird gern als Spielaufforderung bezeichnet. Kniet oder hockt euch neben euren stehenden Hund. Präsentiert ein Leckerchen und haltet es ihm unmittelbar vor die Nase. Bewegt dann eure Hand in gerader Linie von seiner Nase in Richtung Boden. Wählt dafür ein Tempo, dem der Hund noch folgen kann.

Ist eure Hand am Boden angekommen und der Hundekumpel hat sich im Ellbogen etwas abgesenkt, kann es helfen, das Leckerchen langsam auf ihn zuzuschieben. Dabei kann es passieren, dass der Hund sich ins *Platz* legt. Versucht es in diesem Fall einfach noch einmal. Passiert es jedoch erneut, nutzt ihr einen Besenstiel oder einen Ast als Hilfsmittel und führt euren Hund mit den Vorderpfoten darüber, und zwar so, dass sich dieses Hindernis ein paar Zentimeter über dem Boden vor den Hinterpfoten befindet. Nun wiederholt ihr die Übung. Die allermeisten Hunde legen sich nicht auf das Hindernis.

Senkt sich euer Hund gar nicht ab, sondern bewegt nur den Kopf nach unten, wenn ihr ihn mit dem Leckerchen führt, gibt es unterschiedliche Lösungsmöglichkeiten: Zum einen könnt ihr einen kleinen Tisch einsetzen, abhängig von der Größe eures Hundes, unter den er passt, wenn er seinen Vorderkörper nach unten bewegt. Legt er sich dann aber ins *Platz* und robbt darunter, braucht ihr einen neuen Plan. Setzt euch auf den Boden, das linke Bein lang ausgestreckt, mit eurem Hund links von euch. Das rechte Bein habt ihr angewinkelt. Lockt den Vierbeiner mit einem Leckerchen über euer linkes und unter eurem rechten Bein hindurch. Durch das liegende Bein kann der Hund den Hinterkörper nun nicht ablegen und durch das rechte, angewinkelte Bein den Vorderkörper nicht aufrichten. Achtet gut darauf, dass er sich dabei nicht bedrängt fühlt. Bestätigt in dieser Haltung. Bei größeren Hunden wird ein Anwinkeln des Beins nicht ausreichend Platz für ihn schaffen. Positioniert euch in diesem Fall in einem Türrahmen und stemmt das Bein dagegen, angepasst an die Höhe eures Hundekumpels.

Eine weitere Möglichkeit wäre, dieses Verhalten zu clickern. Viele Hunde zeigen genau diese Vorderkörpertiefstellung, wenn sie lange Zeit gelegen haben und sich nach dem Aufstehen strecken. Markert und belohnt ihr diesen Moment häufig, habt ihr gute Chancen, dass er dieses Verhalten von sich aus anbietet.

Kriechen

Bei diesem niedlichen Trick für ausgewachsene, gesunde Hunde robbt der Vierbeiner vorwärts

über den Boden. Ihr beginnt aus der *Platz*-Position heraus. Nehmt ein schmackhaftes Leckerchen, lasst euren Hundekumpel daran riechen und haltet es nah über dem Boden, gerade so eben außerhalb der Reichweite seiner Nase. Schiebt er sich ein Stück vorwärts, um an das Leckerchen zu kommen, markert und belohnt ihn sofort damit. Kennt euer Hund ein Handtarget, könnt ihr ihn natürlich auch damit in die Vorwärtsbewegung bringen.

Euer Hund soll zu Beginn keine lange Strecke zurücklegen, sondern zunächst lernen, dass die robbende Vorwärtsbewegung zu einer schnellen Belohnung führt. Versucht er dabei aufzustehen, kann es sein, dass ihr das Leckerchen oder das Handtarget zu weit von ihm weghaltet. Es sollte nur ganz knapp außerhalb seiner Reichweite sein. Als Hilfe könnt ihr auch einen niedrigen Durchgang künstlich herstellen, indem ihr mehrere Stühle hintereinanderstellt und die gleiche Übung unter den Stühlen übt. Denn dort kann er sich nicht aufrichten. Ist euer Hund so klein, dass er bequem unter den Stühlen herlaufen kann, könnt ihr alternativ aus Kartons ein ähnliches Hilfsmittel bauen. Vergrößert die Strecke von Mal zu Mal ein klein wenig, und wenn es gut läuft, beginnt ihr das Leckerchen als Lockmittel auszuschleichen. Im fortschreitenden Training führt ihr das Wortsignal ein und schleicht eure lockende Handbewegung oder das Handtarget ebenfalls langsam aus.

Rückwärtskriechen

Ausgangsposition ist wie bei der Vorwärtsvariante wieder das *Platz*. Achtet darauf, dass euer Hund gerade liegt und die Hüfte nicht zu einer Seite wegkippt. Nehmt ein gutes Leckerchen, schiebt es langsam und vorsichtig mit der Hand nah am Boden entlang in Richtung Brust des Hundes. Bleibt dabei mittig zwischen den Vorderbeinen.

Kriecht Euer Hund zuverlässig eurer Hand hinterher, führt ihr ein Wortsignal ein.

Höchstwahrscheinlich wird er zu Beginn nur seinen Körperschwerpunkt nach hinten verlagern. Markert und bestätigt sofort jede Rückwärtsbewegung. Manchmal ist es auch zuerst nur eine Pfote, die der Hund zurückzieht. Achtet darauf, nicht zu schnell vorzugehen, sonst könnte es passieren, dass der Hund seitlich in der Hüfte kippt und ein Rückwärtskriechen so unmöglich wird. Vergrößert auch hier die Strecke, die der Hund zurücklegt, in kleinen Schritten.

Polonaise

Nicht nur für Karnevalfans ein lustiger Trick: Der Hund steht aufrecht hinter euch und stützt sich mit den Pfoten an eurem Rücken oder eurer Hüfte ab. Damit ist auch schon klar, dass euer Teampartner eine bestimmte Größe haben muss, denn mit kleinen Vierbeinern funktioniert dieser Trick leider nicht.

Für die Ausgangsposition muss der Hund hinter euch stehen und in die gleiche Richtung blicken wie ihr. Am leichtesten erreicht ihr das, indem ihr mit einem Leckerchen in der Hand vor ihm steht. Dreht euch schnell um, sodass ihr mit dem

Für die Polonaise legt Morris seine Pfoten auf Frauchens Rücken.

Rücken zu ihm steht, und haltet gleichzeitig die Hand mit dem Leckerchen hinter eurem Rücken.

Animiert ihn, sich das Leckerchen zu holen. Haltet es dabei so hoch, dass er sich aufrichten muss, um heranzureichen. Sobald ihr eine Pfote an eurem Rücken spürt, markert ihr und gebt das Leckerchen frei. Ein großer Spiegel erleichtert das punktgenaue Belohnen.

Sobald euer Vierbeiner sich mit beiden Vorderfüßen sicher auf eurem Rücken oder bei etwas kleineren Exemplaren auf eurer Hüfte abstützt, erhöht ihr den Schwierigkeitsgrad und bewegt euch langsam, aber vorsichtig nach vorn. Macht zu Beginn nur einen kleinen Schritt und schaut, wie euer Mitspieler reagiert. Setzt er sofort wieder alle Pfoten auf den Boden und geht keinen Schritt aufrecht mit, kommt wieder das Leckerchen hinter dem Rücken zum Einsatz. Lasst ihn das Leckerchen aus der geschlossenen Hand herauslutschen und geht dabei einen vorsichtigen Schritt nach vorn. Macht der Hund diesen Schritt mit, markert ihr und gebt sofort das Leckerchen frei. Baut das Locken über Leckerchen nach und nach ab, indem ihr die Belohnung immer weiter hinauszögert, bis der Hund einige Schritte sicher läuft.

Humpeln

Auf Signal humpeln, als wäre er verletzt, gehört zum Einmaleins für Filmhunde. Wenn ihr die vorherigen Ausgaben meiner Bücher kennt, werdet ihr noch andere Herangehensweisen in Erinnerung haben. Inzwischen greife ich grundsätzlich auf den im Folgenden beschriebenen Weg zurück, weil er so simpel und zuverlässig ist. Ihr stellt euch neben euren tierischen Teampartner. Der sollte bereits sicher die Pfote geben können. Steht er an eurer rechten Seite, greift ihr mit der rechten Hand über ihn und beugt euch so weit hinunter, dass der Hund in dieser Position leicht die Pfote geben kann.

Für diesen Trick sollte euer Teampartner schon *Pfötchengeben* können.

Das kann zu Beginn etwas tricky sein, vor allem wenn ihr *Pfötchengeben* noch nie aus einer anderen Position außer frontal vor dem Hund abgefragt habt. Sollte er damit Schwierigkeiten haben, beginnt ihr zunächst in einer Position, in der es ihm wesentlich leichter fällt. Tastet euch während des Übens langsam in die Position neben euren Hund vor.

Zum besseren Verständnis erkläre ich den Aufbau dieses Tricks von der rechten Seite ausgehend. Kann euer Hund, an eurer Seite stehend, seine rechte Pfote in eure rechte Hand legen, haltet ihr diese anschließend gerade. Denn nun markert und belohnt ihr, wenn er mit der Pfote die Hand nur noch berührt. In kleinen Schritten hebt ihr eure Hand immer ein klein wenig mehr an, gerade so, dass er es schafft, sie noch zu berühren. Mit einem großen Spiegel könnt ihr die Fortschritte im Training genau beobachten. Ab einer bestimmten Höhe wird der Hund Gewicht von der anderen Vorderpfote nehmen und ein kleines „Hüpferchen“ machen, um mit seiner rechten Pfote noch eure Hand berühren zu können. Dafür belohnt ihr ihn mit einem Jackpot! Denn genau das möchten wir erreichen. Wichtig ist, dass ihr dabei wirklich kleinschrittig vorgeht. Haltet die Hand nicht zu hoch. Denn wenn der Kollege sich seine Belohnung nicht verdienen kann, weil er es nicht schafft, diese zu berühren, wird er gefrustet sein. Das führt nur dazu, dass ihr mit diesem Trick nicht vorankommt.

Achtet gut auf euren Hund, der Trick ist wirklich anstrengend. Ich würde, wenn das Humpeln mit der einen Seite aufgebaut ist, immer die andere Seite auch noch aufbauen, damit ihr nicht einseitig belastet.

Spanischer Schritt

Der sogenannte *Spanische Schritt* ist eine Übung, die ihr vielleicht aus dem Reitsport kennt, die aber auch toll bei Hunden aussieht. Der Vierbeiner hebt in der Vorwärtsbewegung die Vorderpfoten hoch an und setzt sie gestreckt nach vorn auf. Die Übung ist auch im Dogdance sehr beliebt und wirkt vor allem bei hochbeinigen, großen, schlanken Rassen klasse, aber auch bei kleinen Hunden sehr niedlich.

Wenn ihr diesen Trick eurem Hund beibringen möchtet, stelle ich euch zwei verschiedene Trainingswege vor: Eine Möglichkeit wäre, die Übung

Foto © M. Zaitz

Kalle beherrscht den *Spanischen Schritt*.

aus dem *Pfötchengeben* abzuwandeln. Hierfür sollte euer Vierbeiner schon Pfote rechts und links geben können. Kann er beide Pfoten noch nicht unterscheiden, solltet ihr ihm dies zunächst beibringen. Das ist recht einfach: Lasst euch die *Pfote geben*. Gibt er euch immer die gleiche? Oder gibt er euch vielleicht auch mal die andere Pfote, wenn ihr die ausgestreckte Hand wechselt? Ist dies der Fall, ist es gleich viel einfacher. Sinnigerweise solltet ihr unterschiedliche Signale für die rechte und die linke Pfote aufbauen. Trainiert also zunächst das *Pfötchengeben* mit den unterschiedlichen Signalen. Fangt mit einer Seite an; erst wenn die sicher klappt, beginnt ihr mit der anderen Pfote. Das ist eine schöne kleine Übung, die man zwischendurch immer mal wieder trainieren kann. Sobald er sie zuverlässig kann, lasst ihr euren Hund stehen und abwechselnd die Pfoten geben. Bevor seine Pfote jedoch eure Hand berührt, zieht ihr sie schnell weg. Markert und belohnt, wenn der Hund mit der Pfote in die Luft schlägt. Achtet darauf, dass er sich nicht hinsetzt. Durch das abwechselnde *Pfötchengeben* und das Absetzen derselben, entsteht automatisch eine leichte Vorwärtsbewegung. Wenn die ersten Übungseinheiten gut verlaufen, könnt ihr mal zwei, mal drei Schritte abfragen und dann erst belohnen. Denn wir möchten ja eine längere Strecke herausformen. Erst wenn es über drei bis vier Schritte hintereinander richtig gut klappt, könnt ihr beginnen, eure Hilfen langsam auszuschleichen. Beugt euch nicht mehr ganz so weit hinunter und beobachtet genau, wie viel Hilfe der Hund tatsächlich noch benötigt.

Ihr könnt den *Spanischen Schritt* aber auch ganz anders aufbauen. Dafür braucht ihr das Grundsignal *Stups*. Beherrscht euer Hundekumpel das bereits, übt mit ihm, dass er das auch kann, wenn ihr die Hand in unterschiedlichen Positionen haltet. Hat euer Vierbeiner verstanden, dass er eure Hand anstupsen soll, haltet ihr die Hand oberhalb seines Kopfes gerade eben aus der Reichweite seiner Nase. Stellt euch hierzu neben den Hund. Streckt er sich nun hoch, um mit der Nase die Hand zu berühren, markert und belohnt ihr sofort. Im nächsten Schritt lauft ihr geradeaus, den Hund an eurer Seite, und fragt das An-die Hand-Stupsen oberhalb seiner Nase ab. Viele Vierbeiner kommen so automatisch in einen schwingenden, raumgreifenden Gang. Welche Variante für euren Kumpel die richtige ist, probiert ihr am besten aus.

Seitwärtsgehen

Kein leichter Trick, aber wenn der Hund das Seitwärtsgehen beherrscht, sieht es toll aus. Stellt euch hin und nehmt euren Vierbeiner an eure Seite. Achtet darauf, dass er nicht sitzt, sondern steht. Belohnt ihn, wenn er dicht bei euch bleibt. Füttert ihm diese Position ruhig schön. Nun geht ihr eine Fußbreite zur Seite, vom Hund weg.

Im Idealfall macht euer tierischer Kollege nun ebenfalls einen Schritt zur Seite, um wieder in der Position zu stehen, die sich gerade so für ihn gelohnt hat. Tut er das nicht, lockt ihr ihn wieder in die richtige Position. Steht der Hund an eurer linken Seite, nehmt ihr das Leckerchen in die linke Hand und führt es, ausgehend von seiner Nase, außen bis circa eine Handbreit über seine linke Schulter hinaus. So kann er durch eine Blickdrehung nach links das Leckerchen noch geradeso aus dem Augenwinkel sehen.

Um es besser sehen zu können, muss er einen Schritt zur Seite machen. Diesen ersten Schritt markert und belohnt ihr sofort! Springt er stattdessen an eurer Hand hoch, ist vielleicht das Leckerchen zu gut gewählt und motiviert ihn zu sehr. Versucht es in diesem Fall mit etwas weniger gut Duftendem, vielleicht mit etwas Trockenfutter.

Es mag verlockend sein, mal eben hinunterzufassen und den Hund an sich heranzuziehen. Die

Foto © M. Zaitz

Der Abstand wird zu Beginn ganz gering gewählt, damit der Hund sofort erfolgreich sein kann.

Foto © M. Zaitz

Baut den Trick langsam auf, damit ihr später den Abstand zum Hund Schritt für Schritt erweitern könnt.

meisten Vierbeiner mögen das nicht und werden spätestens beim zweiten Mal versuchen auszuweichen. Abgesehen davon soll der Hund nicht lernen, herangezogen zu werden, sondern selbsttätig die Position neben euch einzunehmen. Klappt es hingegen gut, könnt ihr die Schritte, die ihr seitlich geht, erhöhen. Sobald euer Hund sicher nachrutscht, wenn ihr euch von ihm wegbewegt, könnt ihr euer neues Signal dazu einführen.

Eine tolle Variante ist, wenn der Hund sich seitwärts unabhängig von euch bewegt. Dies könnt ihr erreichen, indem ihr mit zwei sichtbaren Begrenzungen arbeitet, zum Beispiel zwei Pylonen. Stellt die Pylonen in einem Abstand von circa einem Meter auf. Übt gemeinsam mit dem Hund immer zwischen diesen beiden Pylonen. Klappt das, lasst ihr ihn stehen, während ihr schon den ersten Schritt zur Seite macht. Erst dann gebt ihr ihm euer Signal für das Seitwärtsgehen.

Baut diesen Anfang sicher auf, damit ihr nach und nach zwei oder mehr Schritte zur Seite gehen könnt, bevor der Hund mit seinem Seitwärts startet. Übt, bis er die Distanz zwischen den beiden Pylonen mühelos bewältigen kann. So lange steht ihr immer noch seitlich zu den Pylonen und zu ihm. Schafft euer Vierbeiner die Strecke zwischen den Pylonen ohne Probleme, beginnt ihr damit, ganz langsam euren Standort zu verändern. Dies aber wirklich nur in ganz kleinen, fünf bis zehn Zentimeter langen Schritten. Wenn ihr es auf diese Weise bis frontal zur Mitte des Abstands zwischen den Pylonen geschafft habt, ist das letzte Stück ein Klacks. Das seitliche Gehen ist auch ein schöner Trick für das Dogdancing.

Voraus

Das Vorausschicken ist nicht nur ein toller Trick, auch auf Spaziergängen und engen Waldwegen ist es äußerst praktisch, wenn der Hund gelernt hat, auf Signal vorauszulaufen. Ich nutze hierfür ein Bodentarget. Habt ihr das bisher noch nie genutzt, übt erst den Aufbau dazu. Im Gegensatz zu der Bodentargetübung markert und belohnt ihr beim *Voraus* bereits die Bewegung auf das Target zu. Ihr legt euer Bodentarget aus und schickt euren Hund zunächst einmal darauf. Markert und belohnt, wenn er das Target erreicht hat. Bei den Wiederholungen markert ihr, wenn sich euer Hund in der Vorwärtsbewegung auf das Target zubewegt, es aber noch nicht erreicht hat. Bei weiteren Durchgängen dieser Übung achtet bitte darauf, das nicht

Foto © M. Zaitz

Vergrößert die Entfernung zum Target von Mal zu Mal.

immer im gleichen Abstand zu tun, sondern variiert diesen. Beginnt dann das Target zu verstecken. Draußen zum Beispiel unter etwas Laub, drinnen unter einem Teppich. Erst nur ein wenig, dann immer mehr. Ziel ist, dass euer Vierbeiner in die angezeigte Richtung losläuft. Das Bodentarget ist also nur zu Beginn da, um dem Hund überhaupt die Idee vermitteln zu können, was ihr von ihm wollt.

Anschleichen

Oft ist in Filmen zu sehen, wie sich ein Hund vorsichtig an etwas heranschleicht. Das zu trainieren ist nicht ganz einfach. Häufig sieht man diese geduckte, lauernde Haltung bei Hütehunden.

Foto © A. Maurer

Legt das Spielzeug, nachdem ihr es für den Hund spannend gemacht habt, in einiger Entfernung von ihm ab.

Falls sich nun aber euer Border Collie daheim immer so an Nachbars Katze anschleicht, ist das nicht der richtige Moment, dieses Verhalten zu bestärken. Das Hüten von Katzen ist ein Fehlverhalten und sollte in keinem Fall noch gefördert werden. Neigt euer Vierbeiner dazu, andere Tiere, Kinder, Autos oder tote Gegenstände zu hüten, übt diesen Trick bitte nicht, sondern wendet euch an einen Hundetrainer. Nun gehen wir davon aus, dass ihr einen „ganz normalen" Hund zuhause habt. Diesen zum Schleichen zu bringen ist möglich, zum Beispiel durch Spannungsaufbau: Nehmt einen Futterbeutel oder ein Lieblingsspielzeug eures Vierbeiners und macht den Gegenstand so richtig spannend. Setzt den Hund ab und spielt allein mit dem Spielzeug, macht Geräusche damit, werft es hoch und fangt es auf. Wenn er es nun unbedingt haben will, legt es in etwa einem halben Meter Entfernung ab. Wichtig ist, dass der Hund dabei unbedingt an seinem Platz sitzen bleibt, wenn ihr das Spielzeug ablegt. Beobachtet euren Vierbeiner genau. Duckt er sich ab und fixiert das Spielzeug?

Markert und belohnt sofort die ersten Ansätze. Als Belohnung könnt ihr auch das Spielzeug freigeben, denn das möchte der Hund ja wirklich am liebsten haben.

Zusätzlich solltet ihr eine langsame Gangart mit ihm aufbauen. Das lässt sich während eines Spaziergangs schön üben. Ihr solltet es ohne Leine üben. Motiviert euren Hundekumpel, aufmerksam an eurer Seite zu laufen, und das in unterschiedlichen Tempi. Manchmal kann es helfen, einen kleinen Labyrinthparcours auf dem Boden auszulegen oder gemeinsam langsam einen Slalom zu laufen. Benennt euer langsames Tempo. So könnt ihr es später schön in die Lauerübung mit einbauen und gucken, ob ihr euren Hund in einem langsamen Tempo zu dem Spielzeug begleiten könnt. Beides zusammengesetzt ergibt dann das Anschleichen.

Foto © A. Maurer

Bereitwillig streckt sich Kung Fu auf das Handzeichen.

Strecken

Das ist einer der Tricks, die sich nur erarbeiten lassen, wenn der Hund dieses Verhalten anbietet. Er liegt dabei im Platz und streckt dann die Hinterbeine wie ein Frosch von sich. Manche Vierbeiner robben dabei auch ein kleines Stück nach vorn.

Überlegt, ob und wann euer Hund dieses Verhalten anbietet: Manche strecken sich, wenn sie auf einer frisch gemähten Wiese liegen, andere im Sand, wieder andere auf dem Teppich, wenn sie dabei am hinteren Drittel des Rückens „durchgewalkt“ werden. Zeigt euer tierischer Hausgenosse dieses Verhalten, markert und belohnt ihn sofort dafür. Macht er weiter, markert und belohnt ihr erneut. Benennt ruhig das Verhalten bereits, beachtet aber, dass der Signalaufbau so etwas länger dauern kann. Beim Einfangen solcher Verhaltensweisen, also beim sogenannten freien Shapen, dauert es erfahrungsgemäß etwas länger, bis der Hund sicher verstanden hat, worum es geht. Darum ist es gerade hierbei immens wichtig, dass ihr das Verhalten wirklich erst benennt, wenn er es zeigt, und nicht schon vorher zum Anfeuern benutzt. Sonst verknüpft er euer neues Signal mit dem Verhalten, das er aktuell zeigt.

Buddeln

Buddeln auf Signal könnt ihr wunderbar frei formen, wenn der Hund dieses Verhalten ohnehin draußen anbietet: Bedenkt aber, dass, wie bei allen Dingen, die ein Vierbeiner lernt, er auch dieses in der Anfangszeit häufiger anbieten wird. Solltet ihr also Wert auf euren englischen Rasen legen und mit Dreckklumpen zwischen den Pfoten nichts anfangen können, überlegt, ob dieser Trick der richtige für euch beide ist. Buddelt der Hund draußen an erlaubten Stellen, könnt ihr das Signal *Buddel* dazu einführen, markern und belohnen. Damit er damit nicht nur Im-Boden-Buddeln verbindet, sondern das eigentliche Kratzen auf verschiedenen Untergründen, könnt ihr zu einem einfachen Trick greifen: Zerreißt ein großes Stück Packpapier und formt daraus einen schönen Hau-

Noch buddelt Jonny vorsichtig in einem Papierhäufchen.

Foto © A. Maurer

fen. Nun ermuntert ihr euren Hund, draufloszubuddeln. Achtet dabei gut auf den Untergrund. Er sollte ungefährlich für ihn sein, in einem Holzbohlenboden könnte er zum Beispiel mit einer Kralle hängen bleiben. Andere Untergründe könnten auch durch die Hundekrallen zu Schaden kommen. Besteht weder für Hund noch für Boden Gefahr, kann es losgehen. Um es leichter zu machen, versteckt ihr ein trockenes Leckerchen unter dem Haufen und haltet gleichzeitig ein noch besseres bereit.

Sollte der Hund nun seine Pfoten einsetzen, um an das Leckerchen heranzukommen, markert und belohnt ihr das sofort, selbst wenn das leichte Kratzen noch nicht wirklich nach Buddeln aussieht. Ermuntert ihn, weiter nach dem versteckten Leckerchen zu graben. Jedes Mal, wenn er Kratz- und Buddelbewegungen macht, markert und belohnt ihr ihn dafür. Habt ihr das einige Male geübt, versteckt ihr kein Leckerchen mehr unter dem Paketpapierhaufen, sondern animiert den Hund so dazu, dort zu buddeln. Bestätigt wie beschrieben. Nach und nach könnt ihr immer weniger Papier verwenden, bis ihr es komplett abgebaut habt und der Hund nur noch auf das Signal an von euch gewünschten Stellen buddelt. Alternativ zum Papierhaufen könnt ihr ein Leckerchen auch unter einem alten Handtuch verstecken.

Zugegeben, noch eher als bei anderen Tricks kommt hier die Frage auf, warum ihr einem Hund so etwas beibringen solltet. Der ein oder andere von euch hat vielleicht tatsächlich einmal die Möglichkeit, für seinen Hund in einer Fernsehproduktion eine kleine Rolle zu ergattern. Wer weiß, was dort gefragt ist? So seid ihr bestens vorbereitet.

„Sprechen“

Zugegeben, nicht jeder Hund kann „sprechen“, und nicht jeder kann es lernen. Hat man aber ein besonders mitteilungsbedürftiges Exemplar zu Hause, das gern vor sich hin brummelt und Grunz- oder ähnliche Laute von sich gibt, könnt ihr es zumindest einmal versuchen. Wichtig ist, dass ihr genau beobachtet, wann euer Hundekumpel seine Stimme einsetzt. Manche tun das, wenn sie genüsslich gekrabbelt werden und sich so richtig wohlfühlen. Andere haben vielleicht schon eine Abwandlung des Bellens auf Signal, das leise Bellen gelernt, auch das könnt ihr nutzen.

Eine weitere Möglichkeit ist, zunächst das Öffnen und Schließen des Mauls zu bestätigen. Hierfür ist es am besten, wenn ihr bereits clickert. So feine und schnelle Bewegungen herauszuarbeiten, wie das Öffnen und Schließen des Mauls, erfordert eine sehr punktgenaue Bestätigung, und die ist in diesem Fall nur mit dem Clicker möglich.

Um eine erste Auf-zu-Bewegung zu provozieren, könnt ihr eurem Hund ein Leckerchen hinhalten. Sobald er das Maul öffnet, um es zu fressen, nehmt ihr eure Hand ein kleines Stück zurück. Wenn der Hund in diesem Augenblick das Maul wieder schließt, markert und bestätigt ihr ihn sofort. Wiederholt dies einige Male. Achtet darauf, dass der Hund immer eine gute Chance hat, auch wirklich für sein Verhalten belohnt zu werden.

Ist er nur gefrustet, weil er nicht an das Leckerchen kommt, weil vielleicht das Timing nicht

Sehr geübte Hunde wie Scully „sprechen“ sogar in ein Mikro.

Foto © A. Maurer

richtig stimmt, wird er zu keinem Erfolg kommen und es ist keine entspannte Lernatmosphäre mehr für ihn. Dann versucht lieber einen anderen Trick, der ihm mehr liegt.

Klappt es aber gut und der Hund lernt recht schnell, sein Maul zu öffnen und zu schließen, solltet ihr dafür ein Signal einführen. Ein Sichtzeichen lässt sich gut aus dem Halten des Leckerchens zwischen Daumen und Fingern abwandeln. Zum Beispiel das Auf-und-ab-Winken der gestreckten Finger zum Daumen hin wird ohnehin auch zwischen Menschen gern gezeigt, um anzudeuten, dass jemand gern erzählt. Das Lautsignal könnte zum Beispiel *Flüstern* sein. Auch das ist für sich stehend schon ein toller Trick, wenn ihr euch vom Hund ein Geheimnis ins Ohr flüstern lasst.

Ist ein Signal für das Flüstern eingeführt, könnt ihr versuchen, den Hund zu weiteren Lautäußerungen zu animieren. Bei mitteilsamen Exemplaren reicht es unter Umständen schon aus, wenn ihr die Belohnung für das Flüstern ein wenig hinauszögert. Es gibt Hunde, die recht schnell einen leisen röhrenden Ton von sich geben, wenn sie nicht weiterwissen. Sobald nur der leiseste Ton zu hören ist, markert und belohnt ihr ihn sofort dafür.

Meine Hündin Scully äußerte immer gern ein „Maaa“. Dies bot sie immer in einer Reihe an, also „Maaamaaamaaamaaa“. Ich bin dazu übergegangen, immer nach zwei „Silben“, also nach „Maaamaaa“, zu bestätigen. Daraus ist ein tolles „Mama“ geworden. Bemüht man das Internet um Hilfe, finden sich die tollsten Sachen, die Hunde „sagen“. Einer meiner ganz persönlichen Favoriten ist ein Hund, der „Huuungeeeer“ sagt. Ihr seht, der Fantasie sind keine Grenzen gesetzt. Und wenn es nicht klappt, auch nicht schlimm, der Loriot-Hund konnte schließlich auch nicht sprechen.

Bellen auf Signal, noch mit deutlich sichtbarem Handzeichen.

Foto © A. Maurer

Niesen

Der Hund niest auf Signal, ein niedlicher Trick, der nicht leicht zu erlernen ist. Unterschiedliche Trainingsvarianten sind möglich: Zum einen könnt ihr versuchen, das Verhalten eures Hundes einzufangen, das heißt immer wenn er zufällig niest, markert und belohnt ihr. Ein absolutes No-Go ist es, dem Hund einen unangenehmen Geruch vorzusetzen und ihn dann zu belohnen, wenn er aus dieser Situation heraus niesen muss.

Eine Methode, mit der ich gute Erfahrungen gemacht habe, ist das sehr nahe Vorsitzen. Sitzt der Hund nah vor euch und schaut zu euch hoch, passiert häufig Folgendes: Die Flüssigkeit in der Nase, die durch den steilen Winkel nach hinten-unten rutscht, wird per Niesreflex nach oben befördert. Ihr markert und belohnt das sofort. Obwohl ihr das Verhalten provozieren könnt, verzichtet bitte auf allzu häufige Wiederholungen. Genau wie wir das Niesverhalten imitieren können, wenn wir dazu aufgefordert werden, ist das auch bei Hunden so. Deshalb klingt erlerntes Niesen häufig etwas anders als echtes Niesen.

Kratzen

Diesen Trick könnt ihr wunderbar mit einem Signal wie *Flöhe* oder *Juckt's* kombinieren. Kratzt sich euer Hund gelegentlich, markert und belohnt ihr ihn dann in seinem Verhalten. Dabei seid ihr allerdings sehr auf den Zufall und auf euer gutes Timing angewiesen. Wenn ihr nicht abwarten wollt, bis euer Hund das Verhalten von allein anbietet, versucht Folgendes: Viele Hunde kratzen sich genüsslich mit, wenn man sie an der Halsseite bis zur Schulter kratzt und schubbert. Ist das bei eurem Vierbeiner auch so, habt ihr jede Menge Möglichkeiten, dieses Verhalten zu markern und zu belohnen.

„Buchstabieren“

Seinen Hund den eigenen Namen oder andere Worte buchstabieren zu lassen, ist der absolute Angebertrick, der bei Laien großes Erstaunen hervorrufen wird. Aber er macht wirklich Spaß. Ihr könnt hierfür verschiedene Hilfsmittel benutzen. Die einfachste Möglichkeit ist, Kaffeedosen von Instantzubereitungen zu sammeln und diese mit den gewünschten Buchstaben zu bekleben oder zu bemalen. Durch den Plastikdeckel zieht ihr ein Stück Kordel oder Geschenkband, an dem der Hund die Dose gut fassen kann. Dann kommt der wichtigste Part: die Präparierung der Dosen mit unterschiedlichen Geruchsstoffen. Die einfachste Möglichkeit sind Teebeutel. In jede Dose legt ihr einen Teebeutel in einer anderen Geschmacksrichtung. Durch das schon vorhandene Loch, durch das die Kordel verläuft, gibt der Teebeutelinhalt für den Hund genug Gerüche nach außen ab, um sich von den anderen zu unterscheiden. Beginnt für den Anfang mit einem kurzen Wort, wie zum Beispiel „Hallo“, und natürlich zunächst nur mit einem Buchstaben. Für diesen Trick benötigt ihr insgesamt fünf Dosen, mit unterschiedlichen Buchstaben beklebt, sowie fünf unterschiedliche Teesorten. Alternativ könnt ihr auch Gewürze oder andere geruchsintensive Dinge nutzen. Der Hund sollte das Signal *Bring* schon beherrschen. Ihr beginnt mit der Dose, die ihr mit dem Buchstaben „H“ beschriftet habt. Legt diese Dose auf den Boden und ermuntert euren Hundekumpel, diese zu beschnuppern, dann aufzunehmen und zu euch zu bringen. Klappt dies ohne Probleme, bekommt die Dose einen Namen. Nun könntet ihr sagen: Bring mir das „H“. Besser wäre es allerdings zu sagen: „Bring mir den ‚Ersten‘“ (Buchstaben). Bei späteren Vorführungen ist es umso beeindruckender, wenn euer Hund seinen Namen durch das Apportieren der richtigen Dosen „buchstabieren“ kann. Ihr könnt ihn dann bitten, euch den „ersten“ Buchstaben seines Namens zu bringen, dann den „zweiten“ und so weiter. Und schon habt ihr in den Augen der Zuschauer nicht nur einen Hund, der Buchstaben unterscheiden kann, sondern einen, der seinen Namen buchstabieren kann. Da euer Vierbeiner nicht nach der Aufschrift auf der Dose die richtige heraussucht, sondern nach dem jeweiligen Geruch der Dose geht, könnt ihr durch Austauschen der aufgeklebten Buchstaben die verschiedensten Worte buchstabieren lassen.

Lasst also den Hund zunächst häufig den „Ersten“ bringen, ohne vorerst eine zweite Dose ins Spiel zu bringen. Um zu sehen, ob er mit dem Wort „Ersten“ schon die Dose verbindet, legt ihr einen Ball oder ein anderes Spielzeug und die Dose auf den Boden. Schickt ihn, den „Ersten“ zu holen. Klappt dies zuverlässig, könnt ihr den „Zweiten“ (Buchstaben) hinzunehmen.

Ihr stellt die Dose „Zweiten“ allein hin und lasst sie euch bringen. Klappt auch dies nach vielen Wiederholungen problemlos, nehmt ihr erneut einen anderen Gegenstand mit hinzu, vielleicht wieder das Spielzeug, mit dem ihr beim „Ersten“ schon geübt habt. Das ist ein wirklich schwerer Trick, und es werden hierfür viele Wiederholungen nötig sein.

Klappt es in acht von zehn Versuchen, ist es Zeit, den „Ersten" und den „Zweiten" zusammen hinzustellen. Geht langsam vor und lasst euch entweder vorerst nur den einen oder den anderen bringen. Etabliert den Wechsel noch nicht, sondern geht in kleinen Übungseinheiten vor. Wenn euer Vierbeiner auch hier wieder in acht von zehn Versuchen richtig herausfindet, welche Dose er bringen soll, lasst euch von ihm dann auch die andere bringen. So geht ihr vor, bis ihr bei fünf Dosen angekommen seid. Es werden sicher einige Monate ins Land gegangen sein, bis alles sicher sitzt. Doch die Mühe lohnt sich für diesen wirklich spektakulären Trick. Habt ihr einen Teamplayer, der besonders fit in der Geruchsunterscheidung ist, gibt es noch eine weitere pfiffige Lösung: Ihr präpariert pro Buchstaben nicht eine, sondern zwei Dosen mit dem gleichen Geruch. Die eine Dose beklebt ihr wie schon gehabt mit dem Buchstaben, die zweite, mit dem gleichen Geruch versehene Dose mit der jeweiligen Nummer in der Reihenfolge, in der die Buchstaben geholt werden sollen.

Ihr zeigt eurem Hund die Dose mit der Eins darauf so, dass er den Geruch gut aufnehmen kann, und schickt ihn dann, den passenden Duft zu holen.

„Rechnen"

Wenn der Hund Rechenaufgaben lösen und die Lösung bellen soll, muss diese kleiner als zehn sein, sonst verzählt ihr euch beim Bellen oder die Zuschauer können nicht mehr folgen. Außerdem müsst ihr sehr schnell und sicher im Kopfrechnen sein und bei Aufgaben wie 327 minus 319 die Lösung sofort parat haben. Es ist ja alles nur ein Trick, der Hund kann natürlich nicht rechnen. Zuerst muss er das *Bellen auf Signal* lernen. Das ist bei bellfreudigen Hunden recht leicht, bei Exemplaren, die von sich aus nur sehr selten laut werden, allerdings ungleich schwerer. Ich empfehle euch hierzu das Kapitel *Bellen auf Signal* zu lesen.

Kann euer Hund auf Signal bellen, müsst ihr nun ein unauffälliges Sichtzeichen einführen, denn sonst wirkt der ganze Trick unfreiwillig komisch.

Eine gutes Sichtzeichen ist das Hochhalten der Hand. Sobald ihr die Hand hochhaltet, beginnt der Hund mit dem Bellen; senkt ihr sie wieder ab, hört er damit auf. Nun wirkt es aber immer noch so, als würdet ihr ihm ein Zeichen geben. Das könnt ihr ändern, indem ihr eine kleine Schiefertafel oder einen Block zu Hilfe nehmt. Die Rechenaufgabe schreibt ihr darauf und hebt die Tafel dann hoch, vermeintlich, damit Zuschauer und Hund sie besser sehen können.

So bekommt der Hund unauffällig sein Signal, und sobald die richtige Lösung erreicht ist, senkt ihr die Tafel ab, um ihm zu applaudieren oder um ihn zu streicheln. Vertut sich euer Mathegenie, bellt zu schnell oder ihr habt euch verrechnet, kaschiert ihr das mit lustigen Ideen. Erklärt, dass euer Hund schwach in Mathe sei und manchmal ein bisschen Hilfe brauche. Schreibt dann einfach die Lösung ebenfalls auf die Tafel und haltet sie wieder hoch. Klappt es diesmal, könnt ihr damit punkten, dass euer Hund vielleicht nicht rechnen, anscheinend aber lesen kann. Ist es wieder falsch, was vorkommen kann, wenn ihr sehr nervös seid oder den Trick zum ersten Mal vor Publikum zeigt, zuckt ihr mit den Schultern und erzählt euren Zuschauern, dass er anscheinend im Lesen noch schlechter ist als im Rechnen. So habt ihr die Lacher und Sympathien auf eurer Seite.

Darf es noch ein wenig spektakulärer sein? David Copperfield hat es mit Millionen von Zuschauern live am Fernsehschirm gemacht: Man denkt sich eine Zahl, zählt etwas hinzu, zieht etwas ab und er weiß die korrekte Antwort. Ganz so kompliziert, wie es scheint, ist es aber gar nicht. Es gibt relativ einfache Rechenspiele, mit denen es gut funktioniert. Das ist ideal, wenn ihr schlecht im Kopfrechnen seid. Es gibt nämlich immer nur eine Lösung, ihr müsst euch nur die richtige Reihenfolge von Addition und Subtraktion merken. So kann euer Hund nicht nur rechnen, sondern auch zaubern. Im Idealfall habt ihr ein Flipchart oder eine Tafel. Ein Zuschauer kann darauf die Aufgabe rechnen. Außerdem benötigt ihr neben einem dick schreibenden Stift einen Block und einen Umschlag, in den der Zuschauer sein Rechenblatt hineinlegt.

Bittet einen Zuschauer, sich eine Zahl zwischen 1 und 100 zu denken und aufzuschreiben, aber so, dass der Hund es nicht sehen kann (am besten auch so, dass ihr es nicht sehen könnt, denn das Publikum glaubt ja ohnehin, dass ihr dem Hund das Zeichen zum Bellen gebt). Hat der Zuschauer sich nun eine Zahl ausgedacht, soll er die nächsthöhere Zahl dazurechnen. Hat er zum Beispiel an die 25 gedacht, rechnet er nun 25 plus 26 und schreibt die Lösung (= 51) auf das Blatt oder die Tafel, die von euch abgewendet steht. Nun soll er 9 addieren. Um es noch etwas spektakulärer zu machen, lasst ihr euch diese Zahl von eurem tierischen Partner „zuflüstern“. Natürlich flüstert er nicht wirklich, aber es wird so aussehen und macht die kleine Vorstellung noch unterhaltsamer. Wie das geht, lest ihr im Kapitel *Küsschen geben* nach und wandelt den Trick so ab, dass der Hund an euer Ohr stupst. Der Zuschauer rechnet nun also 51 plus 9 (= 60). Dieses Ergebnis soll er durch 2 teilen (= 30) und danach die Zahl, an die er zuerst gedacht hat, von der Lösung abziehen. Unsere Beispielrechnung sieht dann so aus: 60 : 2 = 30 – 25 = 5. Die 5 steht als Lösung auf dem Blatt, das weder ihr noch euer Hund bis dahin gesehen hat. Nun dreht ihr euch um und bittet euren Zuschauer, den Umschlag zu verschließen und euch oder dem Hund auszuhändigen. Lasst euren tierischen Kollegen daran riechen, haltet den Umschlag danach in die Höhe – ihr erinnert euch, es war das Zeichen zu bellen – und nehmt nach fünfmal Bellen den Arm wieder herunter. Die Lösung ist immer (!) 5, egal welche Zahl zwischen 1 und 100 gewählt wird. Rechnet es nach.

Foto © A. Maurer

Erst wenn die Tafel wieder heruntergenommen wird, hört Benda mit dem Bellen auf.

Alternativ könnt ihr bei diesem Trick auch mit Moosgummizahlen arbeiten. Besorgt euch hierfür große Zahlen von 0 bis 9, die ihr in Geschäften für Kinderspielzeug bekommt. Auch Würfel mit Zahlen sind eine Alternative. Präpariert die 5 mit einem Duftstoff und lasst euch diese 5 immer wieder bringen. Als Signalwort für die Zahl wählt ihr ein Wort wie *Lösung*. So könnt ihr den Hund auf der Bühne fragen: „Wie heißt die *Lösung*?“ Dann gebt ihr ihm vor aller Augen unbemerkt das Signal, die 5 zu holen. Wichtig ist nur, dass ihr die 5 von den anderen Zahlen getrennt aufbewahrt, um eine Duftübertragung zu verhindern. Wenn das kein echter Zaubertrick ist …

Foto © M. Zaitz

TRICKS MIT GEGENSTÄNDEN

Werfen

Auf manche Tricks kommt man nicht von allein. Ich bekam eine Anfrage von einer Werbeagentur, ob ich einen Hund hätte, der ein Stöckchen werfen kann. Hatte ich nicht. Ich versprach aber zu trainieren. Da Mit-Stöckchen-Spielen für Hunde lebensgefährlich sein kann, wenn sich ein Teil des Stocks oder ein Splitter in Zunge oder Rachen bohrt, solltet ihr lieber mit einem Lederapportel, einem Gummiknochen oder einem Stück Schlauch üben. Für diesen speziellen Fall habe ich mit angeblich nicht splitternden Stöcken geübt, die aus dem Zoofachhandel stammen, ursprünglich für Chinchillakäfige gedacht.

Heute nutze ich für den Aufbau des Werfens sehr gern Bälle, die mit Styroporkügelchen gefüllt sind. Diese finden sich als Kinderspielzeug in vielen Läden. Die Bälle sind recht robust, achtet jedoch darauf, dass die Hunde sie nicht zerbeißen. Werft sie weg, wenn sie kaputtgehen, damit euer Vierbeiner die Kügelchen nicht versehentlich verschluckt.

Es gibt viele Hunde, die ihr Spielzeug von ganz allein hochwerfen, um so mit sich selbst zu spielen. Habt ihr so einen Hund? Glückwunsch! In diesem Fall könnt ihr das Werfen frei herausformen. Macht euer Hund das nicht, keine Sorge, dann ist der Weg nur ein wenig länger. Legt den Ball auf den Boden, ermuntert euren Teamkollegen, ihn aufzuheben, und wartet ab. Nehmt den Ball nicht an, falls er ihn an euch abgeben will. Manchmal schütteln Hunde die mit Styropor gefüllten Bälle. Ihr könnt in dieses Verhalten hineinmarkern. Die meisten Hunde lassen dann sofort los, wodurch eine kleine Wurfbewegung entsteht. Diese gilt es, in ganz kleinen Schritten auszuweiten. Ich arbeite hierbei immer mit unterschiedlich guten Belohnungen. Je schöner der Ball fliegt, umso besser die Belohnung.

Bitte nehmt euch für diesen Trick Zeit, denn die Wurfbewegung herauszuformen, erfordert viel Geduld und gutes Timing. Es ist eine Herausforderung für euch als Trainer.

Werfen lässt sich oft aus dem Schütteln formen.

Rolle schieben

Für diesen Trick benötigt ihr je nach Größe eures Hundes eine leere Kabelrolle oder eine Futtertonne. Mit einer Heißklebepistole könnt ihr einen Teppichrest oder eine alte Isomatte um die Rolle kleben, so ist sie nicht mehr rutschig und bietet dem Hund mehr Halt. Im Sportfachhandel könnt ihr auch passende Physiorollen in verschiedenen Größen kaufen. Euer Vierbeiner sollte ausgewachsen sein und keine körperlichen Beeinträchtigungen haben.

Gebt ihm Zeit, sich mit dem ungewohnten Gegenstand vertraut zu machen. Lasst ihn in Ruhe schnuppern und beginnt, wenn er keinerlei Angst zeigt, die Tonne leicht hin und her zu bewegen. Ist euer Hund neugierig-interessiert, lockt ihn mit einem Leckerchen näher, markert und bestätigt ihn, wenn er versuchen sollte, die Rolle mit der Pfote anzustupsen. Fixiert die Tonne gut, sodass sie sich bei den ersten Kontakten mit dem Hund nicht bewegen kann. Nehmt ein gutes Leckerchen und haltet es oberhalb der Rolle so hoch, dass der Hund, um heranzukommen, die Pfoten auf die Tonne stellen muss. Tut er dies, markert und belohnt ihr. Sollte er sofort die Pfoten wieder herunternehmen, nachdem er das Leckerchen gefressen hat, wiederholt ihr diese Übung einige Male und versucht möglichst schnell viele Leckerchen oben auf der Tonne zu füttern.

Bleibt der Hund nun abwartend mit den Vorderpfoten in dieser Position, markert und belohnt ihr dies sofort mit weiteren Leckerchen. Habt ihr diese ersten Schritte geübt und der Hund legt nun bereitwillig sofort die Pfoten auf die Rolle, bewegt ihr diese zentimeterweise ganz langsam vor und zurück, während er seine Pfoten aufgelegt hat. Parallel zu diesen leichten Bewegungen markert und belohnt ihr ihn mit Leckerchen. Zeigt der Hund kein Unbehagen, könnt ihr den nächsten Schritt vorbereiten: das Schieben der Rolle mit den Vorderbeinen.

Das klingt einfacher, als es ist, birgt aber beim genaueren Hinsehen Tücken. Versucht man den Hund mit dem Leckerchen in eine Vorwärtsbewegung zu locken und setzt er die Vorderpfoten (was wahrscheinlich ist) so, wie er es beim Vorwärtslaufen tun würde, rollt er so die Tonne nach hinten. Er wird sich somit also von dem Leckerchen wegbewegen. Das korrekte Laufbild erfordert einige Übung. Während er mit den Vorderbeinen die Bewegung des Rückwärtslaufens machen muss, um die Rolle nach vorn zu schieben, müssen die Hinterbeine vorwärtslaufen. Keine leichte koordinative Aufgabe, die einiges an Zeit braucht, bis sie sicher beherrscht wird. Gebt euch und dem Hund also ausreichend Zeit, sie zu erlernen.

Um das Nach-vorn-Rollen zu provozieren, gibt es verschiedene Möglichkeiten: Steht der Hund mit den Vorderbeinen aufgerichtet an der Tonne, bewegt ihr diese kontrolliert und langsam nach vorn. Setzt er dabei seine Pfoten ein und schiebt mit, markert und belohnt ihr sofort und bei jedem Schritt, den der Hund so macht. Eine Hilfsperson ist für die ersten Schritte auf der Rolle natürlich toll. Alternativ stellt ihr euch unmittelbar davor, sodass ihr mit euren Füßen die Vorwärtsbewegung der Rolle kontrollieren könnt.

Eine tolle Variante, die allerdings eine Rolle von ausreichender Größe und einen sehr trittsicheren Hund erfordert, ist das Laufen auf der Rolle. Dies übt ihr am besten mit einer Hilfsperson. Diese sollte die Rolle zu Beginn fixieren, damit ihr euch auf den Hund konzentrieren könnt. Animiert ihn mit einem Leckerchen, auf die Tonne aufzuspringen. Hat er bereits gelernt, auf verschiedene Gegenstände zu springen, nutzt ihr dieses Signal dafür. Seid bereit, den Hund mit beiden Händen abzustützen, sollte er nicht sicher abgesprungen sein. Steht er mit allen vier Pfoten auf der Rolle, belohnt ihr zunächst nur das Darauf-Stehen ausgiebig. Wiederholt die Übung einige Male. Erst im nächsten Trainingsschritt und wenn der Hund sich im vorangegangenen Schritt wohl und sicher gefühlt hat, beginnt ihr, die Tonne ganz kontrolliert zu bewegen. Rollt sie zunächst so leicht, dass er nur das Gewicht verlagern muss, um sich auszubalancieren. Markert und belohnt ihn während der gesamten Zeit, in der die Tonne sich vorsichtig bewegt. Übt das einige Male und beobachtet euren Hund genau. Wenn er locker und entspannt dabei ist, könnt ihr die Tonne ganz langsam von eurer Hilfsperson vorwärtsrollen lassen. Macht der Hund den ersten Schritt – Achtung, auch dieser muss rückwärts erfolgen, wenn die Tonne vorwärtsrollt –, markert und belohnt ihr sofort.

Seid stets bereit, euren Hund mit beiden Händen abzusichern für den Fall, dass er Unsicherheiten zeigt. Bis er diesen Trick ganz allein und ohne Hilfe bewerkstelligen kann, werden sicherlich Monate vergehen. Je größer und schwergängiger rollend die Tonne ist, umso leichter ist es. Überfordert euren Hund hierbei nicht. Stellt euch vor, wie lange ihr benötigen würdet, um euch auf einer solchen Tonne auszubalancieren und zu bewegen.

Umarmen und festhalten

Der Hund steht oder sitzt vor einem senkrechten Stab, Schirm oder Gehstock und umarmt diesen mit einer Pfote. Dieser Trick ist beim Dogdance besonders beliebt, lässt sich aber auch für das Trickdogging schön üben. Außerdem habt ihr so tolle Fotoposen für die unterschiedlichsten Anlässe.

Das Umarmen eines Gegenstands geht recht leicht, wenn euer Hund schon sicher die Pfote geben kann. Nehmt einen Stab oder einen Regenschirm und macht ihn damit vertraut. Lasst ihn ausgiebig schnuppern und den Gegenstand erkunden. Bringt den Stab in eine schräge Position zwischen euch beide. Am besten lässt sich das auf einer Wiese üben, da ihr den Stab

Noch ist der Stab nur leicht geneigt, sodass Happy die Aufgabe leicht schafft.

Auch mit kurzen Beinen lässt sich eine Blume problemlos halten.

dort in den Boden stecken könnt und ihn nicht noch zusätzlich festhalten müsst.

Lasst euren Hundekumpel nah an den Stab herankommen und dort absitzen. Ermuntert ihn, die Pfote zu geben, dafür markert und belohnt ihr ihn sofort. Positioniert eure Hand so, dass euer Vierbeiner zufällig auch immer den Stab trifft. Wiederholt das mehrfach und belohnt ihn jedes Mal dafür. Versucht, eure Hand „auszuschleichen", indem ihr sie immer ein Stückchen weiter zurücknehmt.

Klappt das schon gut und euer Teampartner trifft immer zuverlässig den Stab, positioniert ihr ihn bei den folgenden Durchgängen immer etwas senkrechter, bis er aufrecht steht und ihn der Hund mit der Pfote umarmen kann. Achtet darauf, dass der Stab an seiner linken Kopfseite ist, wenn er die linke Pfote benutzt, und umgekehrt. Je nach Größe des Hundes eignet sich auch eine Kunstblume für wunderbare fröhliche Frühlingsbilder. Seid einfach kreativ. Vielleicht habt ihr ja noch andere Ideen für eine Umarmung.

Körbchen hochziehen

Für diesen beeindruckenden Trick steht der Hund auf einem Podest oder Tisch und zieht mit Maul und Pfoten ein Körbchen zu sich hinauf. Üben kann man den Trick auf verschiedene Arten. Habt ihr einen erfahrenen, clickeraffinen Hund, der gern und viel ausprobiert? Dann lasst ihn die Lösung erarbeiten.

Zunächst solltet ihr eurem Hund zeigen, dass sich der Einsatz mit Pfoten und Maul lohnt, um an ein scheinbar unerreichbares Leckerchen zu gelangen. Ihr benötigt eine Couch oder ein Regal mit niedrigem Abstand zum Boden, um zu vermeiden, dass er darunterkriechen kann. Außerdem braucht ihr noch ein Seil und ein besonders gutes Leckerchen. Befestigt das Leckerchen an dem Seil, idealerweise nehmt ihr ein Stück Wurst oder etwas anderes besonders Gutes.

Legt nun das festgebundene Leckerchen unter die Couch oder das Regal und lasst das Seil herausschauen. Zu Anfang liegt der Snack zwar noch weit vorn, aber dennoch so, dass er nur durch Ziehen am Seil erreicht werden kann. Zeigt eurem Hundekumpel, was da Gutes unter dem Möbelstück liegt, und ermuntert ihn, es sich hervorzuangeln. Setzt er dafür seine Pfoten ein, ist er der Lösung schon ein gutes Stück nähergekommen. Zieht er sogar vorsichtig mit den Zähnen am Seil, markert und belohnt ihr ihn sofort. Tut er sich sehr schwer, könnt ihr auch kleine Zwischenschritte wie das Kratzen am Seil oder das Hineinbeißen schon belohnen, damit der Hund die Aufgabe weiterhin als lohnenswert betrachtet.

Schafft er es, das Leckerchen herauszuziehen, darf er es sofort fressen. Achtet darauf, dass euer Vierbeiner sich dabei nicht durch das Seil verlet-

Foto © A. Maurer

Mit Zähnen und Pfoten zieht Milly das Seil mit dem Wurststück nach oben.

zen oder dieses gar verschlucken kann. Ist er ein solcher Gierschlund, dass ihr diese Befürchtung habt, nehmt lieber eine circa fünf Zentimeter breite Stoffbahn, auf die ihr das Leckerchen legen könnt. Im oberen Bereich könnt ihr den Stoff dann durch mehrere Knoten seilähnlich formen. Klappt es irgendwann sicher mit dem Herausziehen des Leckerchens, legt ihr es immer weiter unter das Möbelstück.

Eine andere gute Möglichkeit wäre, das Seil so durch einen Türspalt hindurch zu legen, dass der Hund das Leckerchen zwar noch sehen kann, aber nur durch Ziehen am Seil erreichen kann. Hat er das Prinzip sicher verstanden, könnt ihr den Schwierigkeitsgrad erhöhen. Setzt ihn auf ein Podest oder einen Tisch. Achtet bitte darauf, dass er nicht durch die Höhe verunsichert ist oder gar unkontrolliert vom Podest hinunterspringt.

Haltet das Seil nun so, dass euer Hundekumpel das Leckerchen gerade eben so nicht mehr erreichen kann. Am einfachsten ist es, wenn das Seil lang genug ist, um es hinter eurem Hund festzuhalten. Stellt sicher, dass der Hund nicht einfach vom Podest springt, um sich den Snack zu holen. Haltet deshalb das Seil wirklich nur so kurz, dass er, sobald er zum ersten Mal daran zieht, tatsächlich damit auch das Leckerchen komplett hochzieht. Er soll merken, dass sich das Hochziehen für ihn richtig lohnt. Hat er diesen Schwierigkeitsgrad einige Male erfolgreich bewältigt, lasst ihr das Seil einige Zentimeter länger, sodass der Snack zwar nach oben kommt, wenn er daran zieht, das Seil aber zwangsläufig wieder runterrutscht, sobald er es loslässt. Seht ihr, dass der Hund auch nur ganz kleine Anstalten macht, zusätzlich zum Maul auch seine Pfoten einzusetzen, um das Seil am Hinunterrutschen zu hin-

Foto © A. Maurer

Im Körbchen liegt ein Wurststückchen als Motivation, es am Seil hochzuziehen.

Foto © A. Maurer

Das Körbchen halten kann Milly auch noch, alles zusammen eine tolle Leistung!

dern, markert und belohnt ihr ihn sofort, selbst dann, wenn der Ablauf noch nicht den gewünschten Erfolg hatte. So lernt der Vierbeiner aber, dass er auf dem richtigen Weg ist. Weil sich dieses Verhalten gelohnt hat, wird er es weiter versuchen. Sitzt die Übung bis dahin sicher, beginnt ihr damit, ein leichtes Körbchen an das Seil zu knüpfen und einen Snack dort hineinzulegen. Unterschätzt den Aufwand nicht. Lasst euch Zeit, denn es steckt eine enorme Aufgabe hinter diesem Trick.

Es heißt: Viele Wege führen nach Rom. Deshalb kann ich euch noch eine dritte Variante vorstellen, sich diesen Trick gemeinsam zu erarbeiten. Zieht euer Teamkollege sicher an Gegenständen und berührt sie mit den Pfoten, könnt ihr ihm das Signal *Zieh* geben. Sobald er auf Signal das Seil weit genug nach oben zieht, sodass es fixiert werden muss, gibt man ihm das Signal *Touch*, damit er eine Pfote auf das Seil setzt. Erstaunlicherweise scheinen die meisten Hunde sich aber leichter damit zu tun, wenn sie sich den Trick selbst erarbeiten, also nicht mit *Zieh* und *Touch* angeleitet werden.

Gegenstand festhalten

Wünscht ihr euch manchmal, euer Hund würde einen bestimmten Gegenstand festhalten, während ihr von ihm ein Foto macht? Kein Problem, das lässt sich üben. Es erfordert allerdings viel Geduld und ist je nach Hund nicht ganz einfach. Selbst wenn euer Vierbeiner zuverlässig Gegenstände apportiert, ist dieser Trick sehr schwer, da das Festhalten eine sehr statische Angelegenheit ist. Plant deshalb ein, dass ihr, bis der Hund einen Gegenstand zuverlässig für längere Zeit im Maul behält, viele Trainingseinheiten, über einige Wochen verteilt, benötigt. Manche Rassen, insbesondere die Retriever, lernen diesen Trick allerdings besonders schnell. Wählt zu Beginn einen Gegenstand, von dem ihr wisst, dass der Vierbeiner ihn gern aufnimmt. Haltet ihm diesen hin; sobald er ihn ins Maul nimmt, markert und belohnt ihr. Haltet

Foto © A. Maurer

Vorsichtig fasst Ben den Strohhalm.

den Gegenstand anfangs ruhig noch fest, achtet nur darauf, dass daraus kein Zergelspiel entsteht.

In den ersten Trainingseinheiten werdet ihr nur Sekundenbruchteile haben, in denen ihr bestätigen könnt. Die meisten Hunde beißen in den Gegenstand hinein und lassen sogleich wieder los. Ihr müsst gut aufpassen, um nicht versehentlich in das Loslassen zu markern. Dann würdet ihr genau das Gegenteil von dem bestätigen, was ihr gern sehen möchtet. Überlegt daher gut, ob es Dinge gibt, die euer Hund lieber festhalten mag als andere. Bei dem einen kann das ein Stofftier sein, beim nächsten eventuell ein Kauknochen.

Schafft es euer Teampartner, in den Gegenstand zu beißen und diesen nur minimal kurz zu halten, gilt es nun, die Zeit etwas zu verlängern. Von Mal zu Mal wartet ihr einen Sekundenbruchteil länger mit dem Marker und der Belohnung. Auf diese Weise erweitert ihr die Zeit des Festhaltens.

Kann euer Hund den Gegenstand schon zwei bis drei Sekunden festhalten, beginnt ihr damit, das

Lautzeichen einzuführen. Übt zunächst mit diesem kurzen Zeitfenster weiter, beginnt aber das Apportel kurz loszulassen, sodass der Hund es allein hält. Klappt das zuverlässig, könnt ihr am Verlängern des Festhaltens arbeiten. Geht dabei unbedingt ganz langsam vor.

Eine der häufigsten Fehlerquellen ist das Timing. Der Hundehalter greift zu früh nach dem Leckerchen. Der Hund nimmt die Bewegung wahr und lässt in Erwartung der Belohnung den Gegenstand fallen.

Aus diesem Grund ist auch das Ausdehnen des Zeitfensters nicht so ganz einfach. Achtet gut darauf, zuerst das Markersignal zu geben und erst im Anschluss nach den Leckerchen zu greifen. Ihr könnt diesen Trick zu einem niedlichen Fotomotiv ausbauen. Zum Beispiel, wenn es so aussieht, als ob der Hund aus einem Strohhalm trinkt. Dafür bringt ihr ihm einfach bei, das Mundstück des Trinkhalms festzuhalten.

Natürlich solltet ihr eine leere Getränkedose oder einen leeren Becher verwenden, da der Hund nicht in der Lage ist, wirklich daraus zu trinken. Damit die Dose aber einen besseren Halt hat und nicht so leicht umkippt, könnt ihr Kerzen-Gel hineinfüllen. Nach dem Erkalten ist das Kerzengel fest und beschwert so die Dose.

Foto © A. Maurer

Natürlich trinkt Ben nicht wirklich aus dem Strohhalm, er hält ihn nur fest.

Gegenstände halten für Könner

Der Trick, Gegenstände zu halten, lässt sich noch ausbauen. Zum Beispiel, wenn der Hund eine Zeitung im Maul halten und winken oder einen Ball im Maul behalten und gleichzeitig eine Rolle machen soll. Diese Übungen sind etwas für Fortgeschrittene. Denn dafür müssen beide Handlungen voneinander unabhängig absolut sicher beherrscht werden.

Wählt für den Einstieg eine ganz einfache Handlung, wie zum Beispiel *Platz.* Lasst den Hund zunächst sitzen, gebt ihm dann den Gegenstand und das Signal zum Halten. Danach lasst ihr ihn *Platz* machen. Klappt es auf Anhieb, hat er sich einen Jackpot verdient. Lässt der Hund den Gegenstand fallen und macht dann *Platz,* ist das völlig normal und ihr versucht es fürs Erste einfach anders. Es kann einfacher sein, etwas mehr Bewegung einzubringen. Wenn euer Hund sich um sich selbst drehen kann, fragt ihr das ein- oder zweimal ab, markert und belohnt es. Gebt ihm dann den Gegenstand ins Maul und wiederholt das Ganze. Das funktioniert manchmal besser, weil es nicht so statisch ist. Auch bei dieser Variante lernt der Hund, dass er zwei Dinge gleichzeitig machen kann.

Gebt euch beiden für diesen Trick genügend Zeit, verzweifelt nicht und übt nicht zu häufig. Will es gar nicht klappen, macht einfach vier Wochen Pause damit und versucht es dann erneut. Wenn ihr einen Gegenstand und eine Handlung erfolgreich geschafft habt und das Verhalten sicher abrufbar ist, ändert ihr die Gegebenheiten. Wechselt zunächst die Gegenstände aus; funktioniert das gut, könnt ihr versuchen auch andere Handlungen einzubauen.

In einer Kiste verstecken

Der Hund versteckt sich in einer Kiste oder einem Koffer. Wann immer wir diesen Trick bei Shows gezeigt haben, waren die Reaktionen überwältigend.

Ganz wichtig und unbedingt zu beachten ist, dass ihr eine Kiste mit einem ganz leichten Deckel ohne scharfe Kanten verwendet. Die Kiste muss leicht zu schließen und zu öffnen sein, außerdem darf sie auf keinem Fall luftdicht abgeschlossen werden. Stellt diese Kiste nach jedem Üben an einen Ort, an dem sie für den Hund nicht zugänglich ist, um zu verhindern, dass er während eurer Abwesenheit hineinklettert und sich diese schließt.

Ich persönlich bevorzuge Stoffkisten, die man in der Kinderabteilung von Möbelhausern bekommt. Diese sind klein zusammenlegbar, in verschiedenen Größen erhältlich, leicht, einfach zu öffnen und zu schließen. Ein weiteres Plus: Sie verfügen

Foto © M. Zaitz

Bei den ersten Versuchen ist die Kiste komplett geöffnet.

Foto © M. Zaitz

Im Verlauf des Trainings senkt ihr den Deckel kontrolliert ab.

Foto © M. Zaitz

Nevie öffnet die Kiste selbstständig und schlüpft hinein. Ein niedliches Bild!

über Netzeinsätze, die für eine ausreichende Luftzufuhr sorgen. Achtet darauf, dass die Kiste groß genug ist, damit euer Hund sich bequem hineinlegen kann. Leichte Stoffkoffer sind eine gute Möglichkeit. Welche Kiste auch immer ihr wählt, macht euren Hund gut damit vertraut. Lasst ihn ausgiebig daran schnuppern, werft Leckerchen hinein und lasst ihn diese herausfressen. Setzt er dazu freiwillig eine Pfote in die Kiste, markert und belohnt ihr ihn mit einem extraguten Keks.

Öffnet die Kiste vollständig. Ermuntert euren Hund hineinzuspringen, aber lasst ihn das Tempo wählen. Bitte setzt ihn nicht einfach hinein, sondern gebt ihm die Möglichkeit, in einem Tempo, das er selbst bestimmt, voranzugehen. Sollte er in der ersten Trainingseinheit noch nicht in die Kiste gehen, übt ihr am nächsten Tag weiter. Es ist für den Trick wirklich wichtig, dass der Hund sich absolut wohl darin fühlt, und das erreicht ihr nicht durch Druck. Platziert euch an einer der langen Seiten der Kiste und lockt euren Hundekumpel von der kurzen Seite in diese hinein. Markert und belohnt jeden kleinen Schritt. Schafft es der Hund zum ersten Mal, alle vier Pfoten in die Kiste zu setzen, markert und belohnt besonders intensiv. Dafür kann es ruhig mal fünf oder sechs Kekse geben.

Springt euer Hund bereits sicher in die Kiste hinein, lasst ihr ihn zunächst *Sitz* und dann *Platz* darin machen. Markert und belohnt ihn jedes Mal erst, wenn er darin liegt. Ich gebe an der Stelle immer deutlich mehr als ein Leckerchen, markere und belohne immer wieder, um es für den Hund sehr lohnenswert zu machen, in der Box zu bleiben.

Habt ihr eurem Vierbeiner den Aufenthalt in der Kiste im wahrsten Sinne des Wortes schmackhaft gemacht und er liegt gern darin, schließt bitte auf keinen Fall einfach den Deckel! Abgesehen davon, dass ihr ihm damit Angst machen könnt, soll es ja Ziel dieses Tricks sein, dass der Hund sich nachher quasi selbst verstecken kann.

Lasst ihn zunächst wieder aus der Kiste springen. Ihr sitzt an der langen Seite der Box, die Deckelseite liegt euch gegenüber. Ihr fasst den Deckel und haltet ihn so, dass er hochkant steht. Wiederholt den bisherigen Ablauf, bei dem der Hund in die Kiste steigt und sich hingelegt. Markert und belohnt erst, wenn die ganze Sequenz ausgeführt wurde. Füttert dann aber ruhig gleich mehrere Kekse. Ihr möchtet ja nicht, dass er so schnell wie möglich wieder rausspringt, um erneut hineinspringen zu können.

Vor jedem erneuten Hineinspringen in die Kiste senkt ihr den Deckel etwas ab. Geht auch hier ganz langsam voran. Habt ihr das Gefühl, euer Hund fühlt sich etwas unwohl, öffnet ihr den Deckel wieder. So lernt der Hund von Mal zu Mal, dass er, um in die Kiste zu kommen, den Kopf absenken und mit der Nase den Deckel etwas anlupfen muss, um ihn dann mit der Schulter anheben zu können.

Wenn ihr diesen Trick so von hinten aufbaut, weiß der Hund sicher, wie er nachher die Kiste aufbekommt und dass man darin liegen muss, um den Marker und die Belohnung zu bekommen. Der Kistendeckel schließt sich dabei immer von allein, es sei denn, euer Teamkollege ist sehr schwungvoll und der Deckel kippt mal hintenüber. Dann positioniert die Kiste mit dem Rücken zur Wand. Achtet bitte zu jedem Zeitpunkt darauf, dass euer Hund sich wohl dabei fühlt.

Erfahrungsgemäß mögen Hunde, die eine geschlossene Box für sich als Höhle und Rückzugsort auserkoren haben, diesen Trick deutlich lieber als diejenigen, die das noch nicht kennen.

Um einen Gegenstand herumlaufen

Dies ist ein sehr praktischer Trick, wenn ihr einmal euren Hund auf Signal um ein Hindernis herumschicken müsst. Wer hat nicht schon einmal die Situation auf einem Spaziergang erlebt, dass der ange-

Foto © A. Maurer

Bereitwillig folgt Luise der Hand mit dem Leckerchen.

Foto © A. Maurer

Allein ein Hindernis zu umrunden, ist gar nicht so schwer.

leinte Hundekumpel lieber an der anderen Seite des Laternenpfahls weiterläuft und die Leine sich dabei drum herumwickelt? Bei einer kurzen Leine ist das nicht wirklich dramatisch. Hat man aber eine Schleppleine in Gebrauch, wäre es doch viel praktischer, wenn der Hund auf ein Signal hin einfach zurücklaufen und den Laternenpfahl oder Baum umrunden könnte, um sich dadurch quasi selbst wieder zu entwirren.

Baut die Übung mit einem kleinen Hindernis auf, zum Beispiel einer Pylone oder einer PET-Flasche. Legt dann die Richtung fest, in der ihr den Hund um das Hindernis schicken wollt, mit oder gegen den Uhrzeigersinn. Ein Aufbau für beide Richtungen ist sinnvoll, damit euer Hund sich in der Praxis dann tatsächlich auch entwirren kann und die Leine sich nicht noch häufiger um den Baum wickelt. Dafür sind zwei unterschiedliche Signale notwendig. Um sich eine Eselsbrücke zu bauen, kann man für das Umrunden im Uhrzeigersinn zum Beispiel *Uhr* oder *Clock* wählen. Beginnt zunächst jedoch nur mit einer Richtung, erst wenn der Hund das Signal sicher beherrscht, baut ihr die Gegenrichtung mit einem zweiten Signal auf.

Stellt euch zunächst mit eurem Vierbeiner direkt vor das Hindernis. Nehmt ein Leckerchen und führt ihn damit um das Hindernis herum.

Bleibt dabei an eurem Platz stehen. Ist es euer Hund gewohnt, einem Targetstab oder eurer Hand zu folgen, könnt ihr selbstverständlich auch diese als Hilfsmittel einsetzen. Jedes Mal, wenn der Vierbeiner den Scheitelpunkt der Umrundung überquert, markert ihr und belohnt ihn bei euch. Nach einigen Wiederholungen beginnt ihr vorsichtig, den Abstand zwischen euch und dem Hindernis zu vergrößern. Zunächst nur einen halben Schritt, damit ihr den Hund immer noch gut führen könnt. Baut dann die Entfernung schrittweise aus. Hat euer Teamspieler ab einem bestimmten Abstand Schwierigkeiten, um das Hindernis herumzufinden, geht ihr einen Trainingsschritt zurück, in diesem Fall wieder so nah an das Hindernis heran, dass ein Umrunden möglich ist. Übt in dieser Entfernung eine Weile weiter, bevor ihr erneut langsam den Abstand vergrößert.

Dieser Trick lässt sich wunderbar draußen während des Spaziergangs üben. Schickt euren Hund dafür um Bäume, Mülltonnen und Bänke herum. Beherrscht er eine Seite ganz sicher auf Signal, könnt ihr beginnen, die andere Seite zu trainieren.

Rückwärts um Menschen und Gegenstände gehen

Dies ist eine schöne Variante des Rückwärtsgehens. Zu Beginn solltet ihr dem Hund das Rückwärtsgehen vermitteln, ohne dass er dabei um euch herumläuft. Stellt euch dafür so breitbeinig hin, dass der Hund bequem hindurchpasst. Lockt ihn nun von hinten zwischen eure Beine. Ihr schaut dabei beide in die gleiche Richtung. Seine Schulterblätter sollten ungefähr auf Höhe eurer Waden sein; steht er weiter vorn, werden euch die ersten Schritte schwerer fallen. Belohnt ihn in dieser Position und beginnt dann mit den ersten Übungen für das Rückwärtslaufen. Nehmt ein weiteres Leckerchen in die Hand, haltet es zunächst auf seiner Nasenhöhe und bewegt es dann in einer schnellen Bewegung zu seinem Brustkorb. Die meisten Hunde versuchen nach dem Leckerchen zu schauen und gehen so einen Schritt zurück, damit sie besser sehen können. Diesen ersten Schritt markert und belohnt ihr sofort.

Die wenigsten Hunde gehen im Alltag rückwärts, darum solltet ihr die ersten kleinen Schritte schon belohnen. Hat das gut geklappt und ihr habt es ein paarmal geübt, geht ihr zum nächsten Teil des Aufbaus über. Nehmt den Hund an eure Seite und wiederholt die Übung. Steht er dabei an eurer rechten Seite, belohnt ihr mit der rech-

Die Entfernung zum Gegenstand wird kleinschrittig ausgebaut.

ten Hand; steht er links von euch, nehmt ihr dafür die linke Hand. Geht er dabei rückwärts, fangt ihr mit der Biegung um euch herum an. Sollte der Hund aber immer zur freien Seite ausweichen, stellt ihr euch einfach an eine Wand oder einen

Die wenigsten Hunde gehen im Alltag rückwärts. Deshalb solltet ihr schon die kleinsten Schritte belohnen.

Zaun und positioniert ihn zwischen euch und dem Hindernis. Lasst ihm aber genügend Raum, er sollte sich nicht bedrängt fühlen. Funktioniert auch das ohne nennenswerte Probleme, erarbeitet ihr die Biegung um euch herum.

Steht der Hund rechts von euch und ihr beide schaut in die gleiche Richtung, nehmt ihr ein Leckerchen in die rechte Hand. Anstelle wie zuvor die Hand in der Mitte des Brustkorbs zu halten, positioniert ihr sie nun an der rechten Schulter eures Hundes, und zwar so, dass er sie durch Kopfwenden noch sehen kann. Achtet darauf, nicht zu dicht am Körper, aber auch nicht so weit weg zu arbeiten, dass er sich gut drehen kann.

Markert und belohnt schon den ersten Schritt, um den Hund zu motivieren und das Rückwärts-um-euch-Herumlaufen zu einem lohnenswerten Ereignis zu machen. Habt ihr einen sehr kleinen Hund, hockt euch ruhig hin und verfahrt genauso wie oben beschrieben. Auch in der Hocke könnt ihr einen Hund zum Rückwärtsgehen animieren. Es ist gerade bei kleinen Rassen sogar so deutlich rückenschonender für den Menschen. Hat der Hund gelernt, einem Targetstab zu folgen, kann die Übung auch darüber aufgebaut werden.

Die erste große Schwierigkeit zeigt sich, sobald der Hund beim Rückwärtsgehen hinter euren Rücken kommt. Bevor ihr nun beginnt, euch zu verrenken, um ihn in einem größeren Bogen um euch herumführen zu können, dreht ihr euch einfach auf der Stelle mit. Auf diese Weise könnt ihr zunächst erst einmal üben, dass euer Hund mehr Strecke schafft. Achtung, vielen Menschen wird dabei schwindelig, vor allem wenn sie einen wendigen, schnellen Hund haben.

Schafft ihr im Verlauf des Trainings ganze Runden, ist das nächste Ziel, dass ihr dabei stehen bleiben könnt. Hierfür nehmt ihr in beide Hände

Kekse und beginnt, wie gehabt, mit der rechten Hand. Habt ihr den Hund so hinter euch geführt, gebt ihr ihm die Belohnung aus der rechten Hand und lockt ihn nun mit dem Keks in der linken Hand weiter. Dafür müsst ihr gelenkig sein.

Folgt der Hund immer eurer Hand mit dem Leckerchen rückwärts und ihr schafft bereits ganze Runden, beginnt ihr damit, diese Hilfe abzubauen. Tut nur so, als haltet ihr ein Leckerchen in der Hand, und beginnt den Hund erneut rückwärtszuführen. Markert und belohnt ihn, wenn es klappt. Wittert er die Finte, führt ihr ihn zunächst weiter mit einem Leckerchen, gebt ihm dann aber nach dem Marker ganz bewusst mit der anderen Hand einen anderen Snack, sodass das Leckerchen zum Locken immer unwichtiger wird.

Kann der Hund sicher rückwärts um euch herumlaufen, gibt es verschiedene Varianten. Ihr könnt euch entweder gemeinsam mit dem Hund drehen oder in entgegengesetzter Richtung zu ihm.

Eine weitere, noch schwierigere Variante ist das Rückwärtsumrunden von Gegenständen. Hierfür sollte der Hund euch bereits rückwärts umrunden können. Stellt eine Pylone oder eine gefüllte PET-Flasche vor euch hin und lasst den Hund rückwärts um euch herumgehen. Achtet darauf, dass er die Pylone vorher wahrgenommen hat und sie in seine Umrundung miteinbezieht. Übt das einige Male und geht dann dazu über, euch zentimeterweise von der Pylone zu entfernen. Verkürzt er daraufhin seinen Weg und geht nur noch rückwärts um die Pylone, belohnt ihr ihn mit einem Jackpot.

Hupen

Fast ein Trick für jederhund. Ihr benötigt lediglich eine Fahrradhupe. Sehr günstig gibt es diese aus Plastik in 1-Euro-Läden. Die sind sogar recht stabil. Achtet darauf, dass nur wenig Druck aufgewendet werden muss, um einen Ton zu erzeugen. Diese Hupen sind sehr unterschiedlich. Probiert es wenn möglich aus. Die Exemplare mit weicheren Gummibalgen geben meist deutlich schneller einen Ton ab.

Es gibt verschiedene Möglichkeiten, wie ein Hund die Hupe betätigen kann. Eine Variante ist, er nimmt den Gummibalg ins Maul und beißt darauf. Auf diese Weise löst er den Ton aus. Oder er drückt fest mit der Nase dagegen. Er kann aber auch seine Pfote einsetzen und hupt durch Darauftreten. Setzt euer Hundekumpel gern seine Pfote ein, würde ich diese Variante versuchen, nimmt er alles ins Maul, dann diese.

Die Fahrradhupen haben eine Schelle und so könnt ihr sie an verschiedenen Gegenständen befestigen. Alternativ könnt ihr sie natürlich auch in der Hand halten. Stopft zu Anfang ein Taschentuch vorn in die Hupe und drückt sie, damit ihr sehen könnt, wie euer Hund darauf reagiert. Er sollte in keinem Fall davor erschrecken.

Beim Hupen mit dem Maul oder durch Drücken mit der Nase markert und bestätigt ihr sofort beim ersten Kontakt. Nähert euer Hund sich nicht von sich aus der Hupe, könnt ihr etwas Wurst an den Gummibalg schmieren. Riecht er dann daran, könnt ihr ihn sofort bestätigen. Markert und belohnt jeden weiteren Nase-Hupe-Kontakt, bis er verstanden hat, dass es sich für ihn lohnt, sich damit näher zu beschäftigen. Nun wartet ihr etwas länger und schaut, ob er sich noch intensiver mit der Hupe befasst.

Öffnet er sein Maul, um die Hupe zu beknabbern, oder drückt er fester dagegen, markert und bestätigt ihr wieder sofort. Sobald der erste Ton zu hören ist, auch wenn es nur ein entfernt zu erahnendes Hupen ist, gebt eurem Hund dafür einen Jackpot. Schafft er es immer häufiger, der Hupe einen Ton zu entlocken, geht ihr dazu über,

Bestätigt jede auch noch so kleine Berührung der Hupe.

nur noch dann zu bestätigen, wenn tatsächlich ein Ton ertönt. Ist der Kollege eher ein Pfotenarbeiter und nimmt nicht so gern Dinge ins Maul, könnt ihr auch daran arbeiten, dass er mit der Pfote die Hupe betätigt. Hierfür montiert ihr diese in einer Höhe, die ungefähr der Kniehöhe eures Hundes entspricht.

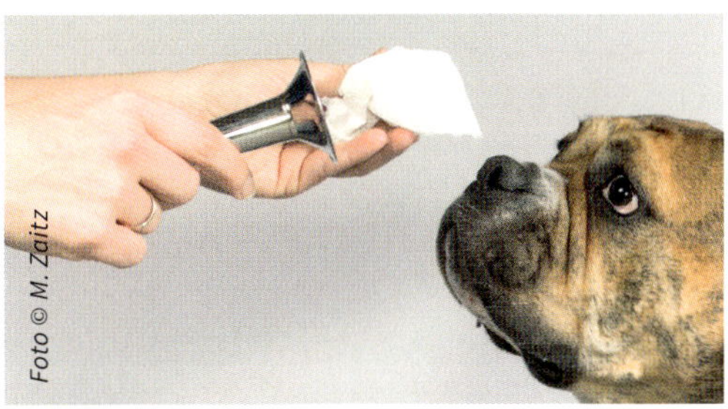

Mit einem Taschentuch könnt ihr das Hupgeräusch etwas dämmen.

Kennt euer Hund bereits das Signal *Touch*, könnt ihr es gut einsetzen, um einen ersten Pfote-Hupe-Kontakt zu bestätigen. Kann er das noch nicht, dafür aber *Pfötchengeben,* haltet ihr eure Hand unterhalb des Gummibalgs ausgestreckt, als ob ihr ihn auffordern würdet, die Pfote zu geben. Berührt er nun mit der Pfote die Hupe, markert und bestätigt ihr ihn sofort. Er muss noch nicht so fest drücken, dass ein Ton zu hören ist. Für den Anfang reicht die leichte Berührung. Wiederholt dies einige Male und beginnt dann, die untergehaltene Hand auszuschleichen. Lag der Gummibalg anfangs mittig auf der Hand auf, bewegt ihr nun von Mal zu Mal die Hand etwas weiter zurück, bis er von der Innenfläche über das Fingermittelgelenk bis zu den Fingerspitzen gewandert ist. Berührt er weiterhin brav den Gummibalg, belohnt ihr ihn mit einem besonders guten Snack, denn er hat den schwierigsten

Tauscht das Brötchen sofort gegen einen tollen Leckerbissen.

Mit ein wenig Übung fällt das Festhalten des Brötchens schon ganz leicht.

Schritt verstanden. Wenn nun keine stützende Hand mehr unterhalb des Gummibalgs liegt, gibt dieser einer daraufliegenden Hundepfote sehr leicht nach. Ertönt der erste Ton, markert und belohnt ihr mit einem Jackpot.

Würstchen apportieren

Wenn ein Hund verschiedene Gegenstände apportieren kann, ist das natürlich toll. Wirklich schwierig wird es aber bei Lebensmitteln, besonders dann, wenn es etwas sehr Wohlschmeckendes ist.

Euer Hund sollte bereits sicher apportieren können, bevor ihr mit diesem Trick beginnt. Holt nun nicht gleich die besten Würste aus dem Kühlschrank. Das wäre für den Anfang wirklich zu schwierig und auch unfair. Besorgt euch die absoluten Lieblingsleckerchen eures Hundes. Versucht gekochte Hühnerherzen, Hühnerfleisch, Käsewürfel oder was auch immer euer Hund als Superbelohnung empfindet.

Beginnt mit einem nicht so attraktiven Lebensmittel, mit einer Möhre zum Beispiel oder mit einem trockenen Brötchen. Lasst den Hund neben euch sitzen. Steckt ihm einen kleinen Happen zu, um sicherzustellen, dass er mitbekommt, ihr habt was Besonderes für ihn. Legt nun die Möhre oder das Brötchen auf den Boden und ermuntert ihn, es aufzunehmen. Sobald er es im Maul hat, platziert ihr eure Hand unter seinem Kinn, um das Brötchen in Empfang nehmen zu können. Mit der anderen Hand haltet ihr ihm das gute Leckerchen vor die Nase, und in dem Augenblick, in dem er das Brötchen in eure Hand fallen lässt, markert und

Im finalen Schritt geht es tatsächlich um die echte Wurst!

Nach dem Festhalten die Wurst wieder auszuspucken, ist wirklich schwierig.

belohnt ihr ihn dafür mit dem besonderen Leckerbissen. Nach mehrmaligem Üben, wenn ihr sicher seid, dass der Hund das Brötchen bereitwillig gegen das tolle Leckerchen tauschen will, könnt ihr damit beginnen, das Brötchen immer ein Stückchen weiter weg zu legen. Führt ein Signal für das In-die-Hand-Geben ein, zum Beispiel *Gib's her*, das ihr immer in dem Augenblick sagt, in dem der Hund das Brötchen in eure Hand gibt. Kann er bereits in die Hand apportieren, nutzt ihr das entsprechende Signal dafür.

Wann immer ihr die Möglichkeit habt, mit unterschiedlichen Lebensmitteln zu üben, weil ihr zum Beispiel gerade Möhren schält, nutzt das. Hat euer Hundekumpel begriffen, dass es sich lohnt, Essbares abzugeben, weil er dafür mit echten Köstlichkeiten belohnt wird, könnt ihr die Anforderungen steigern. Nehmt nun ein Brötchen und streicht Schmierwurst darauf. Achtung, diese riecht extrem verführerisch, das solltet ihr mit eurem Superleckerchen zum Tauschen noch toppen können. Vielleicht mit einer Schmierwurstpaste aus der Futtertube. Achtet darauf, dass euer Hund nicht mit dem Brötchen verschwinden kann. Sichert ihn am besten mit einer Leine. Verfahrt wieder in kleinen Schritten. Selbst wenn er andere Lebensmittel aus weiterer Entfernung bereits apportieren konnte, beginnt ihr wieder zu euren Füßen und tastet euch langsam an eine größere Entfernung heran.

Erst wenn es sicher klappt, seid ihr beide reif für den finalen Schritt: Jetzt geht's im wahrsten Sinne des Wortes um die Wurst! Nehmt eine Bockwurst und wascht sie unter laufendem Wasser wirklich richtig gut ab. Natürlich riecht sie danach für den Hund immer noch verführerisch, aber zumindest saftet es nicht gleich auf die Zunge. Ihr solltet euch absolut sicher sein, dass euer Supersnack für ihn noch attraktiver ist, in Ausnahmefällen könnt ihr auch zu Katzennassfutter greifen. Es sollte nur nicht zur Regel werden. Legt nun die Wurst auf den Boden und gebt eurem Hund das mittlerweile eingeführte Signal für das In-die-Hand-Geben. Haltet ihm sofort das Superleckerchen zum Tausch unter die Nase. Klappt es und er lässt die Wurst sofort los, markert ihr und gebt ihm einen Jackpot. Hört mit diesem tollen Ergebnis für dieses Mal auf.

Bis der Hund eine Wurst über eine längere Strecke sicher apportiert, ohne dass nachher ein Stück fehlt, wird es eine Weile dauern. Es ist die Mühe aber auf jeden Fall wert.

Zudecken

Der Hund deckt sich selbst zu. Ein super Trick, mit dem man auch den Besuch daheim verblüffen kann. Es gibt verschiedene Arten, wie sich ein tierischer Mitbewohner zudecken kann. Ihr könnt eine Decke auf den Boden legen, er legt sich darauf, fasst einen Zipfel, macht eine Rolle und dreht sich so selbst in die Decke ein.

Dafür sollte er aber gelernt haben, einen Gegenstand im Maul festzuhalten. Die Schwierigkeit liegt dann in der Steigerung der Anforderung. Er soll nicht nur etwas mit dem Maul halten – was bereits mit einem Signal verbunden ist –, sondern zusätzlich noch ein weiteres Signal ausführen, ohne das erste zu beenden. Ich empfehle euch, das Kapitel *Gegenstände halten für Könner* dazu noch einmal durchzulesen. Zudem muss er eine Rolle auf Signal ausführen können. Kann euer Hund dies noch nicht, wählt eine andere Variante des Zudeckens.

Als kleine Vorübung gebt ihr eurem Hund einen Gegenstand ins Maul, den er schon gut halten

Foto © A. Maurer

Bereitwillig nimmt Kung Fu die Decke …

Foto © A. Maurer

… rollt sich …

Foto © A. Maurer

… und schläft.

kann, und fragt dann ein anderes Signal ab. Zu Beginn so etwas wie eine Drehung um sich selbst oder Ähnliches.

Klappt das, legt ihr euren Hund ins *Platz,* gebt ihm den Gegenstand und fragt dann die Rolle ab. Wenn das gut läuft, könnt ihr weiter zum nächsten Schritt gehen.

Legt zunächst die Decke oder ein ausreichend großes Handtuch auf den Boden. Damit der Hund die Ecke, die er nehmen soll, leichter fassen kann, macht ihr einen Knoten hinein. Legt ihn auf der Decke so ab, dass sein Kopf an der Seite mit dem Knoten liegt. Achtet darauf, dass er nicht ganz, sondern erst ab ungefähr Schulterhöhe auf der Decke liegt. Andernfalls könnte er beim Eindrehen erschrecken, weil er nichts mehr sieht. Mit dem Signal, das ihr für das Nehmen eines Gegenstands aufgebaut habt, ermuntert ihr ihn nun, den Zipfel zu fassen.

Wartet einen kurzen Augenblick, dann markert und belohnt ihr. Wiederholt dies einige Male und geht dann einen Schritt weiter, indem ihr das Signal für die Rolle gebt.

Im Idealfall hat der Hund den Zipfel im Maul, dreht sich damit und ist so zugedeckt. Dann markert und belohnt ihr sofort überschwänglich, denn das ist wirklich eine gute Leistung.

Sollte euer Hundekumpel den Zipfel losgelassen haben, versucht ihr es noch einmal. Klappt es wieder nicht, solltet ihr zunächst noch einmal das Festhalten von Gegenständen in Kombination mit anderen Signalen üben.

Es kann passieren, dass der Hund sich zwar mit Zipfel im Maul gerollt hat, aber leider zur falschen Seite. In diesem Fall ist er nicht zugedeckt. Überlegt, ob er eine Seite hat, zu der er lieber rollt als zur anderen, und passt gegebe-

Geduldig wartet Jonny ab, wie es weitergeht.

Foto © A. Maurer

nenfalls das Handtuch an. Das heißt, ihr macht einfach den Knoten an die andere Seite, damit er sich zu seiner Lieblingsseite rollen und sich so zudecken kann.

Ihr könnt den Trick aber auch so aufbauen: Legt euren Mitspieler ins *Platz* und breitet eine leichte Decke oder ein zu seiner Größe passendes Handtuch über seine Hüfte aus. Um zu erreichen, dass

Foto © A. Maurer

Mit einem *Nimm* fasst Jonny bereitwillig den Deckenzipfel.

Foto © A. Maurer

Rasch fasst er die Decke auch ohne Hilfe.

er durch Drehen des Kopfes nach rechts und links und Ziehen die Decke bis über den Rücken holt, markert und belohnt ihr ihn schon dafür, wenn er den Kopf wendet und neugierig an der Decke schnuppert.

Achtet darauf, wie er auf das Auflegen der Decke oder des Handtuchs reagiert. Allzu schwungvolles Ausbreiten macht ihm eventuell Angst und er wird aufstehen. Legt ihn dann wieder freundlich ins *Platz,* lasst ihn erneut an der Decke schnuppern und sich damit vertraut machen. Habt ihr das Gefühl, dass ihm das unheimlich ist, legt die Decke zunächst nur neben ihn. Ermuntert ihn mit eurem Signal für das Ins-Maul-Nehmen dazu, die Decke zu fassen.

Markert und belohnt ihn sofort, sobald er das gewünschte Verhalten zeigt. Er muss die Decke zu Beginn noch gar nicht richtig ziehen. Die meisten Hunde ziehen allerdings automatisch, da sie sich weit nach hinten beugen müssen, um die Decke zu fassen, und rutschen meist sofort wieder in eine bequemere Lage. Hat er dabei noch den Zipfel im Maul, rutscht die Decke automatisch ein gutes Stück weiter über ihn. Kennt euer Hund das Signal *Zieh* bereits, könnt ihr natürlich auch dies einsetzen. Wenn er die Decke an einer Seite ein Stück gezogen hat, ermuntert ihr ihn, ebenso mit der anderen Seite zu verfahren. Ist die Decke nun auf Schulterhöhe, ist es eine schöne Ergänzung, wenn der Hund sich auf die Seite legt, als wolle er schlafen.

Noch eine andere Variante funktioniert wunderbar, wenn ihr ein Hundekörbchen mit einem hohen Rand habt. Die Decke wird „zufällig" so gefächert über eine Ecke gelegt, dass der Hund sie bequem im *Platz* über sich ziehen kann. Faltet dafür die Decke der Länge nach fächerartig. Legt sie über Rücken- und Seitenlehne des Körbchens. Steckt den hinteren Zipfel gut fest, damit der hintere Teil der Decke auf dem Rand verbleibt, wenn der Vierbeiner daran zieht. Legt euren Hund im *Platz* ins Körbchen und achtet darauf, dass sein Po in Richtung der Decke zeigt. Macht ihn auf die Decke aufmerksam, markert und belohnt ihn, sobald er sich hinwendet. Verfahrt wie zuvor bereits beschrieben und motiviert ihn, die Decke zu nehmen.

Wenn ihr diesem tollen Trick noch ein Krönchen aufsetzen wollt, dann bringt ihr dem Hund bei, Dinge auf Signal im Maul zu behalten und übt, dass er zum Schluss einen Kinderschnuller aufnimmt und hält. Das ist dann ein wirklich kaum zu toppendes Bild.

Mit Schwung auf die Seite gelegt.

Foto © A. Maurer

Foto © M. Zaitz

TRICKS FÜR SPORTLICHE

Die kleine Milly kann mühelos auf den Hinterbeinen laufen.

Foto © A. Maurer

Auf den Hinterbeinen laufen

Für diese Übung ist es unbedingt erforderlich, dass euer Teampartner absolut gesund und ausgewachsen ist. Doch selbst wenn diese Grundvoraussetzungen gegeben sind, solltet ihr diesen Trick nicht zu häufig üben, um seinen Bewegungsapparat nicht zu sehr zu belasten. Aus dem *Sitz* heraus lockt ihr ihn mit einem Leckerchen in eine aufrechte Position, indem ihr es knapp über seinen Kopf haltet, gerade so, dass er nicht heranreichen kann.

Markert und belohnt gleich zu Anfang bereits, wenn der Hund die Vorderpfoten auch nur kurz anhebt. Das Ausbalancieren auf zwei Pfoten erfordert viel Übung. Gestaltet die Einheiten kurz, damit er nicht überlastet wird. Schafft euer Vierbeiner es, sich so weit nach dem Leckerchen zu strecken, dass er schön auf den Hinterbeinen steht, markert und belohnt ihn mit besonders attraktiven Leckerchen. Diese könnt ihr auch dazu nutzen, ihn aus der aufrechten Position auf zwei Beinen in eine Vorwärtsbewegung zu locken. Manchen Hunden fällt es sehr schwer, beide Hinterpfoten in dieser Position kontrolliert zu nutzen. Aber mit einiger Übung wird es bald gut klappen.

Sollte euer Hundekumpel einen kleinen Hopser vorwärtsmachen, könnt ihr auch das belohnen. Es sieht mindestens genauso toll aus wie das Laufen auf den Hinterbeinen.

Bedenkt bitte, dass dieser Trick für Hunde sehr anstrengend ist. Haltet deshalb unbedingt die Übungseinheiten kurz.

Auf den Vorderbeinen laufen und „Handstand“ machen

Eine sehr seltene, aber mögliche Variante ist das Laufen auf den Vorderbeinen. Häufig zu sehen ist es bei Kleinhunderassen, wenn sie versuchen, Urinmarken von größeren Artgenossen zu überdecken. Dabei richten sie den Hinterkörper auf und balancieren so ihr komplettes Gewicht auf den Vorderbeinen. Aufgrund des Körperbaus und der Schwere des Körpers würde ich diesen Trick auch für mittelgroße und große Rassen ausschließen.

Foto © A. Maurer

Rückwärts steigt der Hund auf den Bücherstapel.

Foto © A. Maurer

Auf den Hinterbeinen laufen ist auch ohne Hilfe kein Problem.

Foto © A. Maurer

Ganz allein läuft Milly nun auf ihren Vorderpfoten.

Habt ihr einen Hund, der dieses Verhalten anbietet, könnt ihr das jedes Mal belohnen, wenn er es von sich aus zeigt. Eine Möglichkeit, dieses Verhalten zu provozieren, ist, ein kleines Podest zu bauen. Bei kleinen Rassen eignen sich Bücherstapel hervorragend, weil darüber gut die Höhe reguliert werden kann.

Bringt eurem Hund das Rückwärtsgehen bei und beginnt dann damit, ihn rückwärts auf ein kleines Podest zu schicken. Ist es ein Bücherstapel, beginnt ihr erst einmal mit einem Exemplar. Wenn das sicher klappt, stapelt ihr langsam immer mehr Bücher auf. Plant hierfür wirklich einen längeren Zeitraum ein, denn euer Hund muss die Muskulatur im Rücken gut trainieren, um immer höhere Stufen zu schaffen. Mit zunehmendem Training werdet ihr sehen, wie er sich bemüht, seinen Hinterkörper hochzuziehen, um es auf das Podest zu schaffen. Markert und belohnt hierbei unbedingt schon den Ansatz, denn er soll den Marker nicht für das Erreichen des Targets mit den Hinterpfoten bekommen, sondern für die Hinterpfoten in der Luft. Euer Ziel soll es ja sein, dass er sich im Handstand ausbalanciert und eventuell sogar ein paar Schritte so läuft. Es ist eine sehr schwierige Leistung und ihr solltet diesen Trick nur in ganz kurzen Einheiten üben.

Bitte lasst euch niemals dazu hinreißen, mit den Händen nachzuhelfen und die Hinterbeine des Hundes anzuheben. Er könnte dadurch in Panik geraten, sich vielleicht sogar überschlagen und verletzen. Kein Trick der Welt ist es wert, eine Verletzung eures besten Freundes zu riskieren!

Auf den Arm springen

Ein Trick, bei dem der Vierbeiner mit Anlauf auf den Arm seines Menschen springt, ist sicherlich nicht für jedes Mensch-Hund-Team zu empfehlen. Wenn ihr einen Bernhardiner oder eine Dogge besitzt, nehmt lieber Abstand davon. Ebenso wenn ihr oder euer Hund Rücken- oder Gelenkprobleme hat. Dieser Trick ist wirklich nur für gesunde und ausgewachsene Hunde geeignet. Für die ersten Übungen solltet ihr in jedem Fall eine lange Hose und ein langärmeliges Shirt tragen. Hundekrallen können nämlich ziemlich schmerzhaft sein.

Henry soll zunächst auf den Schoß springen.

Setzt euch bequem auf einen Hocker oder Stuhl, presst die Beine eng aneinander und ermuntert euren Sportsfreund, auf euren Schoß zu springen. Die meisten Hunde kennen ein Signal für das Hochspringen, beispielsweise ein *Hopp*, bereits vom Sprung ins Auto oder auf die Couch. Zögert er, lockt ihr ihn mit einem Leckerchen, indem ihr dieses so hoch über euren Schoß haltet, dass der Hund nicht durch Aufrichten herankann. Sobald euer Hundekumpel ohne Zögern immer wieder auf den Schoß springt, macht ihr die Übung ein wenig schwerer.

Aber Achtung, das Hinunterspringen ist für die Gelenke belastend. Bitte übt immer nur wenige Sprünge auf einem nicht zu harten Untergrund und macht dann Pause bis zum nächsten Tag.

Im nächsten Schritt lernt Henry mit weniger Platz zurechtzukommen, er springt auf das angewinkelte Knie.

Ziel erreicht, Henry springt auf den Arm.

Je größer der Hund, umso wichtiger ist es, dass er von der Seite aufspringt. Achtet auf einen rutscharmen, weichen Boden. Beginnt damit, ihn sofort nach jedem Hochspringen zu umfassen, den einen Arm vor der Brust des Hundes, den anderen unterhalb des Pos. Achtet bitte gut auf die Körpersprache des Vierbeiners. Manche fühlen sich dabei unwohl, deswegen ist kleinschrittiges Erarbeiten Pflicht. Markert und belohnt das immer. Es ist wichtig, dies noch in sitzender Position zu üben, weil ihr den Hund im weiteren Verlauf tatsächlich auch so fangen müsst. Deshalb solltet ihr euch beide wohl und sicher damit fühlen. Für den nächsten Schritt lehnt ihr am besten mit dem Rücken gegen eine Wand, in halb sitzender Position, Oberkörper gerade aufgerichtet. Lasst den Hund erst springen, wenn ihr euch sicher genug fühlt, ihn auch zu fangen.

Habt ihr ein eher kleines Exemplar, für den der Sprung auf den Arm eines stehenden erwachsenen Menschen zu hoch ist, kniet euch einfach hin. Das ist dem Hund angepasst und sieht trotzdem noch toll aus.

Sprung über Bein oder Arm

Häufig im Dogdance oder in Dogfrisbee-Küren zu sehen, ist der Sprung über das Bein. Diesen Sprung könnt ihr sehr gut variieren und auf die verschiedenen Bedürfnisse von Hund und Mensch abstimmen. Bei kleinen Hunden durch niedrige Sprünge, bei etwas größeren Vierbeinern durch entsprechend höhere Sprünge. Wichtig ist dabei, dass euer Hund gesund und ausgewachsen ist. Solltet ihr oder euer Hund ein körperliches Handicap haben, wählt lieber einen anderen Trick. Wir beginnen in jedem Fall mit einer ganz geringen Höhe.

Hockt euch im Kosakensitz hin und streckt ein Bein aus. Lockt dann euren Hund mit einem Leckerchen oder einem Spielzeug über euer Bein. Manchmal ist eine zweite Person hilfreich, wenn

Oskar lernt zunächst, über eine geringe Höhe zu springen.

der Hund sehr aufgeregt oder zu wuselig ist. Der Helfer kann euren Vierbeiner kurz festhalten, bis ihr sicher in der Hocke seid und das Leckerchen auf der richtigen Seite eures Beins hinhaltet. Erst dann wird der Hund losgeschickt. Läuft der Hund immer um euer Bein herum, anstatt hinüberzuspringen, könnt ihr diesen Ablauf an einer engen Stelle im Raum üben, wie zum Beispiel in einen Türrahmen, wo es keine Möglichkeit gibt, drum herumzulaufen. Achtet bitte auf einen rutschfesten Untergrund,

um Unfälle zu vermeiden. Klappen die Sprünge mit der Zeit ohne Probleme, könnt ihr die Höhe variieren. Achtet dabei aber immer auf die körperliche Konstitution eures Hundekumpels.

Springt euer Teampartner erst einmal über euer Bein, ist eine Abwandlung zu einem Sprung über die Arme nur ein kleiner Schritt. Setzt euch locker auf den Boden und haltet einen Arm in einer Höhe, die für euren Hund problemlos zu bewältigen ist. Ermuntert ihn mit einem Leckerchen, den Arm zu überspringen. Nach und nach schleicht ihr dieses Locken mit dem Leckerchen aus. Wenn euer Hund das Verhalten zuverlässig zeigen kann, sobald ihr ihn zum Springen animiert, könnt ihr mit der Einführung des Signals beginnen.

Sprung auf und über den Körper

Wenn euer Hund bereits den Sprung über das Bein gelernt hat, habt ihr schon die Grundvoraussetzung für diesen Trick. Solltet ihr oder euer Teamkamerad körperlich eingeschränkt sein, verzichtet bitte auf diese Übung. Die leichtere Variante ist der Sprung über den Bauch, auch deshalb, weil ihr ihn ohne Hilfsperson üben könnt.

Bei kleinen Vierbeinern könnt ihr auf dem Rücken liegend beginnen. Dabei befindet sich der Hund auf eurer linken Seite. Lockt ihn mit einem Spielzeug oder einem Leckerchen in der rechten Hand. Versucht er, euch zu umlaufen, legt ihr euch wieder an eine verengte Stelle oder verstellt den Weg um euch herum. Bedenkt, dass der Hund vielleicht nicht unbedingt direkt über euch springt, sondern eventuell von eurem Bauch abspringt. Je nach Größe und Gewicht kann das schmerzhaft sein. Auch wenn es wehtut, immer dran denken: Der Hund kann nichts dafür, ohne euch wäre er nicht auf die Idee gekommen. Habt ihr also ein etwas größeres Exemplar, könnt ihr euch auch auf den Boden

Foto © M. Zaitz

Baut diese Übung bitte langsam und mit einer Hilfsperson auf.

setzen, die Beine angewinkelt, die Hände etwas breiter als hüftbreit hinter euch positioniert. Den Po etwas anheben und ihm auf diese Weise die Möglichkeit geben, seitlich über euch zu springen. Achtet darauf, dass ihr einen sicheren Stand habt, und ermuntert ihn erst dann, über euch zu springen. Hierbei kann anfangs eine Hilfsperson nötig sein.

Beim Sprung über den Rücken solltet ihr zu Beginn im besten Fall zwei Hilfspersonen haben. Kniet euch auf einen weichen Untergrund und stützt die Arme schulterbreit auseinander auf. Sorgt für einen ausreichenden Schutz eures Rückens vor Kratzern durch die Hundekrallen. Hilfreich sind mehrere T-Shirts übereinander oder eine Neoprenweste. Tragt dabei keine rutschige Oberbekleidung, denn darauf findet euer Teamplayer keinen Halt. Er muss sich nicht nur sicher fühlen, sondern auch sicher sein, wenn er über euren Rücken springt. Deshalb stellen sich die Helfer euch rechts und links zur Seite. Einer der beiden lockt den Hund mit einem Lecker-

Ein Helfer lockt Nevie mit einem Leckerchen auf den Rücken.

Dort bekommt Nevie viele Belohnungen, um das Stehen auf dem Rücken zu festigen.

chen über euren Rücken, und zwar ausgehend von eurem Gesäß. Hierbei wird das Leckerchen so positioniert, dass der Vierbeiner erst nach dem Überspringen drankommen kann.

Klappt diese Übung nach einigen Wiederholungen schon gut, könnt ihr auf einen der Helfer verzichten. Achtung, hierbei kann es passieren, dass der Hund dann, anstelle über euren Rücken zu springen, um euch herumläuft. Sollte dies der Fall sein, übt ihr einfach noch ein Weilchen mit beiden Helfern weiter. Im anderen Fall könnt ihr, nach mehreren erfolgreichen Durchgängen mit einem Helfer, einen Versuch ohne Unterstützung starten.

Abhängig von der Größe eures Hundekumpels und eurer Fitness, könnt ihr eurem vierbeinigen Freund auch beibringen, auf euren Rücken zu springen und dort stehen zu bleiben. Der Aufbau ist hierbei ähnlich und die beiden Helfer kommen wieder zum Einsatz. Nun hält einer von ihnen das Leckerchen ungefähr auf Höhe eures Genicks, sodass der Hund mit den Vorderpfoten etwa in Höhe eurer Schulterblätter zum Stehen kommen muss, um an das Leckerchen zu gelangen. Ist euer Hundekumpel körperlich gesund und ein guter Springer, könnt ihr den Schwierigkeitsgrad noch steigern, indem er aufspringt, während ihr gebeugt steht. Bitte beachtet, dass jedes Hinunterspringen aus großer Höhe eine immense Belastung für die Vorderhand ist. Denkt daran: Für beide Sprungvarianten müsst ihr unterschiedliche Signale aufbauen.

Auf die Füße springen

Für diesen Trick muss der Hund ausgewachsen, gesund, nicht zu groß und ein sicherer Springer sein. Außerdem ist es wichtig, dass er sportlich und nicht übergewichtig ist. Es gehört sehr viel Vertrauen und gutes Training dazu, damit dieser Balanceakt sicher gelingt. Im Idealfall beherrscht ihr beide bereits andere Sprünge, zum Beispiel auf den Arm oder auf den Rücken. Wie bei allen Tricks, für die der Hund springen soll, achtet bitte auch hier gut auf den Untergrund. Wiese oder

Übt den Sprung erst einmal mit einer Kiste.

Rasen sind ideal, auch ein spezieller Hundesportboden ist möglich. Teppichboden oder ein ähnlich harter Untergrund ist ungeeignet.

Nehmt eine Plastikkiste, die groß genug ist, dass eure Füße nebeneinander hineinpassen. Anfangs stellt ihr die Kiste mit dem Boden nach oben auf den Fußboden. Nehmt ein großes Handtuch und legt es darüber. Übt dann zunächst mit eurem Hund das Aufspringen auf die Kiste. Setzt ihn für den nächsten Schritt mit einem kleinen Abstand an einer der kurzen Seiten der Kiste ab. Nehmt ein Leckerchen, haltet es an die gegenüberliegende Seite der Kiste und ermuntert den Hund, auf die Kiste zu springen.

Achtet darauf, dass er wirklich springt und nicht hinaufklettert. Markert und belohnt ihn sofort, wenn er es geschafft hat. Klettert er immer wieder, anstatt zu springen, vergrößert seinen Abstand zur Kiste ein wenig. So hat er mehr Platz und Schwung. Hat er bereits gelernt, auf Signal auf Gegenstände zu springen, könnt ihr auch dieses nutzen. Kann er sicher auf die Kiste springen, könnt ihr zum nächsten, weitaus schwierigeren Schritt übergehen, den ihr zunächst ohne Hund übt. Legt euch auf den Rücken, streckt beide Beine in die Luft und stülpt euch die Kiste über die Füße. Mit dem über der Kiste ausgebreiteten Handtuch könnt ihr diese gut fixieren und festhalten. Winkelt die Beine an und zieht sie so nah wie möglich an den Körper heran. Zieht die Fußspitzen an, um eine möglichst waagerechte Fläche zu bieten. Nehmt einen großen Spiegel oder eine Hilfsperson, um eure Haltung zu kontrollieren. Bei aller Anstrengung, die Beine an den Körper zu nehmen und die Fußspitzen anzuziehen, müsst ihr nun noch darauf achten, den Rücken möglichst gerade am Boden aufliegen zu lassen. Macht ihr den Rücken zu rund und die Schultern liegen nicht richtig auf, besteht die Gefahr, dass ihr zur Seite kippt, sobald der Hund aufspringt.

Sobald ihr diese ungewöhnliche Haltung verinnerlicht habt, bittet eine Person, bei einem größeren Hund zwei Personen, um Unterstützung. Hilfreich ist es, wenn eine der beiden etwas Gewicht auf die über eure Füße gestülpte Kiste verlagert und diese ein wenig hin und her bewegt, damit ihr ein Gefühl für das Balancieren auf den Füßen bekommt. Haltet die Kiste dabei gut fest. Die beiden Hilfspersonen positionieren sich rechts und links von euch. Sie ermuntern den Hund, auf die Kiste aufzuspringen, und zwar ausgehend von eurem Gesäß. Motivierend wirkt sich dabei oft ein Leckerchen aus, das einer der Helfer so hält, dass der Hund erst aufspringen muss, um heranzukommen.

Wichtig ist, dass der Hund gut gegen ein Hinunterfallen gesichert wird. Im Notfall muss einer der Helfer beherzt und sicher den Hund halten können.

Ist der Hund hochgesprungen und steht nun auf der Kiste, füttert ein Helfer ihn mit guten Leckerchen. Der Vierbeiner muss erst ein Gefühl für den wackligen Untergrund bekommen und ihr ein Gefühl für das sich bewegende Gewicht auf euren Füßen. Wichtig ist, dass ihr die Füße absolut still haltet. Wenn der Hund versucht sich auszubalancieren und ihr wollt von unten ausgleichen, kommt ihr dadurch immer mehr aus dem Gleichgewicht. Lasst euren Hundekumpel schräg seitlich hinunterspringen, damit er nicht auf euch landet. Diesen Trick werdet ihr schon von euch aus nicht allzu häufig üben, denn er ist für einen ungeübten Menschen sehr anstrengend. Wenn sich nach einigen Trainingseinheiten zeigt, dass euer Teampartner sehr sicher aufspringt und ihr das Gewicht konstant gut halten könnt, lasst ihr die Hilfspersonen langsam Schritt für Schritt zurücktreten. Klappt der Ablauf weiterhin, seid ihr bereit für den letzten Trainingsschritt: den Abbau der Kiste. Wie bereits bei anderen Tricks gibt es auch hier verschiedene Möglichkeiten. Beispielsweise eine kleinere Kiste zu nehmen, wieder das Handtuch aufzulegen und den Hund dort aufspringen lassen, bis es sicher klappt.

Sichere Landung auf den Füßen mit ein wenig Hilfe.

War die Kiste hingegen nur wenig größer als eure Schuhe, geht ihr gleich dazu über, sie wegzulassen. Legt euch dafür wieder auf den Rücken, nehmt die Beine in Position und breitet das Handtuch über euren Schuhsohlen aus. Diese sollten flach und gerade sein. Das Handtuch sollte sie komplett bedecken. Nutzt dessen Ecken, um eure Beine stabil in Position halten zu können.

Bei dieser schwierigeren Übung braucht ihr wieder beide Hilfspersonen zur rechten und linken Seite, die den Hund notfalls abstützen können. Lasst ihn aufspringen und eine Hilfsperson belohnt ihn mit besonders guten Leckerchen, wenn er die schwierige Position hält. Bis ihr beide den Trick sicher und ohne Hilfspersonen ausführen könnt, wird es eine ganze Weile dauern. Beachtet bitte, dass ihr nicht zu häufig übt. Diese Höhe zu springen ist für die Hunde sehr anstrengend. Maximal fünf bis sieben Mal pro Übungseinheit sind absolut ausreichend.

Durch einen rollenden Reifen springen

Eine wunderbare Erweiterung des Sprungs durch den Reifen ist der Sprung durch einen rollenden Reifen. Wählt einen handelsüblichen Hula-Hoop-Reifen für Kinder. Achtet darauf, dass er nicht mit Wasser beschwert ist, wirklich rund und nicht eiförmig ist. Macht euren Hund mit dem ungewohnten neuen Gegenstand vertraut. Lockt ihn mit einem Leckerchen hindurch. Markert und belohnt euren Teamspieler sofort, wenn er den Reifen durchquert hat. Zeigt er bei dieser Übung keine Scheu, könnt ihr damit beginnen, den Reifen zu bewegen. Dabei geht ihr zunächst rückwärts, da dies für den Lauffluss des Hundes günstiger ist. Haltet den Reifen mit einer Hand gerade vor euch. Steht der Hund an eurer linken Seite, haltet ihr den Reifen mit der linken Hand fest und lockt ihn mit einem Leckerchen in der rechten Hand hindurch. Während ihr dies tut, bewegt ihr euch im Schneckentempo rückwärts. Durchquert der Hund den sich bewegenden Reifen, markert und belohnt ihr jedes Mal erst, wenn er ganz auf der anderen Seite angekommen ist.

Foto © A. Maurer

Mit ein bisschen Übung, kann euer Hund so durch den rollenden Reifen springen.

Wie immer, wenn es gut läuft, steigert ihr den Schwierigkeitsgrad. Beginnt damit, das Tempo, mit dem ihr den Reifen bewegt, vorsichtig zu erhöhen. Sobald das sicher klappt, führt ihr ein neues Signal ein.

Im nächsten Schritt könnt ihr damit beginnen, den Reifen zu rollen. Übt zunächst ohne euren Hundekumpel. Geht mit dem Reifen auf eine ebene Wiese und probiert aus, wie ihr ihn am besten rollt, damit er so lange wie möglich stabil aufrecht bleibt. Manche werfen den Reifen elegant, andere geben ihm einfach mit beiden Händen Schwung. Egal wie ihr es macht, nehmt erst den Hund dazu, wenn der Reifen einige Meter stabil rollen kann. Bei den ersten gemeinsamen Übungen bewegt ihr zunächst noch mal den Reifen so schnell, wie er nachher rollen wird. Springt euer Hund freudig hindurch, markert und belohnt ihr sofort.

Wenn ihr das erste Mal den Reifen rollt, gebt eurem Hund das bereits eingeführte Signal und schaut, ob er es umsetzen kann. Springt er durch

Foto © M. Zaitz

Ein anderer cooler Trick ist der Sprung durch den verhangenen Reifen.

den rollenden Reifen, ist sofort ein Jackpot fällig. Tut er es nicht, bleibt er vielleicht stehen und verhält sich abwartend, versucht Folgendes: Bisher hattet ihr den Reifen immer in der Hand, wenn der Hund hindurchging. Rollt der nun allein und ihr bleibt stehen, fehlt dem Vierbeiner eventuell der entscheidende Auslöser. Versucht in diesem Fall Folgendes: Werft den Reifen und lauft gleichzeitig hinterher, so wie vorher, als ihr ihn noch festgehalten habt. Klappt es nun, habt ihr eine gute Ausgangsposition und müsst nur noch in kleinen Einheiten die Entfernung zwischen euch und dem Reifen vergrößern. Bis ihr diesen werfen und dabei stehen bleiben könnt, wird etwas Zeit vergehen, aber die Mühe des Abbaus in kleinen Schritten lohnt sich in jedem Fall.

Übt diesen Trick erst, wenn ihr sicher eine Rolle machen könnt, um euren Hund nicht zu verletzen.

Rolle und der Hund springt darüber

Wenn dieser Trick perfekt klappt, ist er eine athletische Glanzleistung von Hund und Halter. Fertig ausgeführt sollte es folgendermaßen aussehen: Ihr beide steht euch in einigen Metern Entfernung gegenüber. Sobald ihr mit der Vorwärtsrolle beginnt, ist dies das Signal für euren vierbeinigen Teampartner loszulaufen. In dem Augenblick, indem ihr in der Vorwärtsrolle seid, springt er über euch hinweg.

Wie immer bei körperlich so anstrengenden Übungen, ist es eine Grundvoraussetzung, dass euer Hund gesund und ausgewachsen ist. Idealerweise verfügt er außerdem über ein gutes Sprungvermögen. Ihr müsst in der Lage sein, eine Rolle vorwärts auszuführen, ohne euren Hundekumpel zu gefährden oder dass er sich von der Bewegung attackiert fühlt. Ist also der letzte Turnunterricht schon einige Jahre her, übt zunächst ohne Hund die Rolle. Bedenkt, dass auch bei vermeintlich einfachen Turneinlagen für Ungeübte ein Verletzungsrisiko besteht.

Könnt ihr die Rolle noch ohne Probleme bewältigen, übt ihr sie auch mit ausgestreckten, abgewinkelten oder stark angezogenen Beinen. Macht ihr eine normale Rolle, besteht eine erhöhte Verletzungsgefahr für den Hund, wenn er beim Sprung mit euren Beinen kollidiert. Wenn möglich, filmt eure Rolle aus der seitlichen Perspektive, damit ihr sehen könnt, ob ihr abrupte Bewegungen macht oder aber während der Rolle noch mal den Po hebt. Dies könnte zu einem Zusammenstoß mit dem Hund führen und ist unbedingt zu vermeiden.

Nun benötigt ihr eine Hilfsperson und eine Wiese, auf der ihr üben könnt. Turnmatten mögen zwar für den Menschen ausreichend sein, allerdings müssten sie groß genug sein, dass auch der Hund nach dem Sprung darauf landen kann.

Hockt euch hin, den Kopf schon am Boden aufgesetzt. Eure Hilfsperson positioniert nun den Hund vor euch und ermuntert ihn mithilfe eines

Leckerchens, über euren Rücken zu springen. Läuft er immer wieder um euch herum, ohne zu springen, benötigt ihr vielleicht eine zweite Hilfsperson, die sich auf der anderen Seite positioniert. Kennt euer Hund schon ein Springsignal, vielleicht vom *Sprung über Bein und Arm,* nutzt dies. Verwendet keine Signale, die normalerweise dazu führen, dass der Hund irgendwo hinaufspringt (z. B. *Hopp* – für Spring ins Auto). Dies bedeutet rauf- und nicht überspringen. Für den Sprung über euch hinweg, während ihr eine Rolle macht, möchtet ihr nicht, dass der Vierbeiner euch mit der Pfote berührt oder gar auf euch springt. Schafft der Hundekumpel den Sprung über euch hinweg, markert und belohnt ihr. Versucht es sogleich noch einmal. Klappt es im Verlauf des Trainings mit dem berührungslosen Sprung über euch hinweg, könnt ihr den nächsten Schritt angehen.

Wiederholt zunächst den einfachen Übersprung. Geht danach dazu über, den Kopf nicht ganz abgesenkt zu halten, um ihn dann plötzlich abzusenken, während die Hilfsperson den Hund gleichzeitig zum Sprung animiert. Übt dies einige Male, bevor ihr noch ein wenig aufrechter beginnt. Wählt die Schritte klein, bis ihr und euer Hund euch gegenübersteht und von diesem Punkt aus ansetzt. Springt er absolut sicher über euch hinweg, nachdem ihr euch vom Stand aus in die Position der Vorwärtsrolle begeben habt, beginnt ihr die komplette Rolle auszuführen. Im Augenblick des Absprungs rollt ihr vorwärts. Diese erste „richtige Rolle“ ist für den Menschen eine

Im Augenblick des Absprungs eures Hundes rollt ihr vorwärts.

Foto © A. Maurer

große Überwindung und sollte nur mit Hilfsperson gemacht werden, die den Absprungmoment des Hundes sicher ansagen kann. Trainiert Tricks, die Sprünge beinhalten, nicht zu häufig, es ist belastend für den Bewegungsapparat des Hundes und sollte darum nicht übertrieben werden.

Seilchenspringen

Wollt ihr gemeinsam mit eurem Vierbeiner *Seilchen springen,* setzt das zunächst natürlich voraus, dass ihr es bereits könnt. Ist das schon eine ganze Weile her, übt ihr zunächst ohne tierische Unterstützung, bis ihr wieder flüssig springen könnt. Dieser Trick eignet sich vor allem für kleine bis mittelgroße springfreudige, gesunde Hunde.

Die Basis für diesen Trick ist der Sprung in die Luft. Nehmt dazu einen Ball oder ein begehrtes Spielzeug. Haltet es so hoch über den Hund, dass er springen muss, um heranzureichen. Macht er dazu keine Anstalten, spielt ihr zunächst gemeinsam ausgelassen damit. Im Anschluss wiederholt ihr die gleiche Übung noch einmal aus dem dynamischen Spiel heraus. Springt er danach in die Höhe, markert und belohnt ihn idealerweise mit dem Spielzeug, denn das ist es, was er gerade begehrt. Wiederholt die Übung, markert und belohnt jedes Mal, wenn der Hund springt. Denkt aber auch hier daran, euren Vierbeiner nicht zu überfordern. Übt bitte gerade so bewegungsintensive und für den Bewegungsapparat belastende Tricks immer nur kurz.

Wenn euer Vierbeiner zuverlässig in die Höhe springt, führt ihr ein Signal ein und beginnt gleichzeitig mit ihm, in die Höhe zu springen. Bedenkt, dass nachher ein Seil um euch beide herumschwingt. Verkleinert nach und nach die Entfernung zwischen euch, sodass ihr später zusammen gut durch das schwingende Seil springen könnt. Übt auch hier das Springen nicht zu häufig hintereinander, sondern baut es lieber zwischendurch in den Tagesablauf mit ein. Üben kann man praktisch überall. Zum Beispiel in der Küche, an der Bushaltestelle oder im Park. Springt einfach zwei- bis dreimal gemeinsam in die Höhe.

Im nächsten Schritt macht ihr euren Vierbeiner mit dem Seil vertraut. Er sollte sich locker und gelöst bewegen, auch wenn das Seil schnell schwingt. Baut das Seil nach und nach ins Training ein, indem ihr es in sanften Schwüngen um den Hund bewegt. Achtet dabei darauf, immer in einem Bereich zu bleiben, der für ihn noch angenehm ist. Bleibt er entspannt, markert und belohnt ihn. Klappt es, beginnt ihr das Seil in etwas enger und schneller werdenden Bögen zu bewegen.

Euer Hundekumpel sollte zu keinem Zeitpunkt Angst oder Unsicherheit zeigen. Ist das der Fall, geht ihr deutlich langsamer vor und tastet euch erneut vorsichtig heran. Desensibilisiert ihn in ganz kleinen Schritten und nähert euch von Mal zu Mal nur um wenige Zentimeter. Füttert ihn, wenn das Seil danebenliegt. Zeigt euer Teamkollege Anzeichen von Stress, springt ihr gemeinsam ohne das Seil oder macht eine Variation von Gummitwist daraus. Manche Hunde haben schlechte Erfahrungen gemacht, und Menschen, die Gegenstände oder Seile schwingen, können bedrohlich wirken. Kein Trick ist es wert, das Vertrauen eures Hundes aufs Spiel zu setzen!

Beginnt einen ersten Sprungversuch mit Seil erst, wenn ihr sicher seid, dass der Hund im Umgang damit entspannt bleibt. Haltet das Seil bitte nur ganz locker in den Fingern und wickelt es in keinem Fall ums Handgelenk! Im Notfall müsst ihr es sofort loslassen können. Wenn ihr zwei Helfer zur Verfügung habt, die das Seil schwingen, müsst ihr euch nur darauf konzent-

Urmel hat sichtlich Spaß beim Seilchenspringen.

rieren, gleichzeitig mit eurem Hund in die Höhe zu springen. Habt ihr keine Helfer, ist das nicht so dramatisch, konzentriert euch nur auf den ersten Sprung und versucht nicht, gleich mehrere zu machen. Erst wenn ihr beide beim gleichzeitigen Springen und Seilschwingen keine Probleme habt, versucht ihr von Mal zu Mal einen Sprung mehr. Übertreibt aber auch hier nicht. Für euren vierbeinigen Teamkollegen ist das sehr anstrengend.

TRICKS FÜR HELFER IM ALLTAG

Wecker

Dies ist ein toller Trick, wenn ihr Kinder habt, die morgens schlecht aus den Federn kommen, und euer vierbeiniger Helfer zieht ihnen einfach die Decke weg. Spaß beiseite, es ist natürlich „nur" ein Trick, der aber sehr witzig ist. Auch hier ist wieder das Signal *Zieh* für den Aufbau wichtig. Essenziell für den Aufbau ist, ob euer Hund aufs Bett darf oder nicht. Für große Rassen ist es sicherlich kein Problem, vor dem Bett einen Deckenzipfel zu fassen und die Decke wegzuziehen. Ein kleiner Hund scheitert aber vielleicht schon daran, dass er selbst leichter ist als das Oberbett. Soll er nun von

Foto © A. Maurer

Johnny beherrscht das Signal *Zieh* bereits und ist mit Feuereifer dabei.

unten mit einem Zipfel die Decke bewegen, ist das nicht zu schaffen. Ohne Probleme kann er aber, wenn er auf dem Bett sitzt, einen Zipfel vom Kopfende fassen und diesen bis zur Bettmitte ziehen. Bedenkt bitte, dass die scharfen Zähne eines Hundes das Bettzeug beschädigen können. Im schlimmsten Fall nicht nur den Bezug, sondern vielleicht auch das Oberbett selbst.

Zeigt dem Hund den Zipfel vom Oberbett und animiert ihn mit dem Signal *Zieh*, diesen zu fassen und daran zu ziehen. Markert und belohnt ihn sofort, auch wenn die Decke sich nur leicht anhebt und sich noch nicht wirklich vom Fleck bewegt. Die meisten unserer Hunde haben gelernt, nicht in unsere Decken zu beißen, und sind darum anfangs häufig recht zögerlich.

Schafft er es, ein gutes Stück der Decke zu bewegen, markert ihr und belohnt mit einem Jackpot. Wenn das Verhalten zuverlässig ist, führt ihr ein neues Signalwort ein.

Überrascht bitte keine uneingeweihten Personen mit einer solchen morgendlichen Spontanshow. Jemand, der nicht damit rechnet und zudem noch schlaftrunken ist, könnte erschrecken oder im Affekt den Hund vom Bett stoßen.

Glocke läuten

Viele Glocken können mithilfe eines am Klöppel befestigten Bandes zum Läuten gebracht werden. Kennt euer Hund schon das Signal *Zieh*, könnt ihr es nutzen, um so schneller ans Ziel zu gelangen. Zieht er mit Schwung am Seil, wird die Glocke ertönen. Kann er dies noch nicht, übt ihr zunächst nur mit dem Seil. Nehmt es locker in die Hand und ermutigt ihn, es zu nehmen. Markert und bestätigt zunächst jeden noch so zaghaften Versuch.

Zergelt euer Hund gern, könnt ihr das Ziehen auch über Zergeln aufbauen. Jedes Mal, wenn der Vierbeiner das Seil fasst und daran zieht, lasst ihr es aus den Händen gleiten, markert und belohnt ihn dafür. Tut das bitte nur, wenn euer Hund nach dem Marker das Seil gleich fallen lässt, ihr wollt ja ein schönes Ziehen und kein unkontrolliertes Herumreißen daran. Variiert die Position des Seils, sobald der Hund verlässlich

So wird auch ein Langschläfer gern geweckt.

Abby hat gelernt, am Seil zu ziehen, um die Glocke zu läuten.

zieht. Ein herunterhängendes Seil zu fassen, ist für Vierbeiner nicht ganz einfach.

Zieht euer Hund ohne Probleme an einem herunterhängenden Seil, befestigt ihr es wieder an der Glocke. Damit er nicht erschreckt, sobald das Läuten ertönt, kann man zum Beispiel ein Papiertaschentuch um den Klöppel wickeln, sodass nur ein ganz gedämpfter Ton zu hören ist. Nun ermuntert ihr ihn, wie zuvor am Seil zu ziehen. Markert und belohnt ihn sofort, auch wenn er am Anfang nur ganz zaghaft zieht. Schließlich ist die Situation wieder ganz neu für ihn.

Zieht er so stark, dass ihr sogar schon einen gedämpften Ton hören könnt, markert und bestätigt ihr ihn sofort mit einem Jackpot. Das Papiertaschentuch um den Klöppel könnt ihr Schicht um Schicht abbauen.

Leine oder Halsband anziehen

Möchtet ihr euren Hund dazu bringen, dass er die am Boden liegende Leine bringt und mit dem Kopf durch die Halsung schlüpft, benötigt ihr dafür eine Retriever- oder Agilityleine. Denn diese ist so ausgelegt, dass man die Halsung einfach über den Kopf streifen kann. Ein Verschließen, wie bei einem normalen Halsband, ist nicht nötig. Bitte achtet darauf, dass eure Leine einen Stopp hat. So könnt ihr unkontrolliertes Zuziehen verhindern.

Haltet die Halsung weit geöffnet – wie bei einem Lasso – vor den Kopf des Vierbeiners und wartet ab, wie er reagiert. Nähert er sich mit der Nase, markert und belohnt ihr. Kennt euer Hund bereits ein Nasentarget, könnt ihr dies auf der anderen Seite der Öffnung platzieren. Markert und belohnt, wenn er diesem folgt. Ihr könnt auch mit einem Leckerchen locken. In diesem Fall müsst ihr diese nur so schnell wie möglich wieder abbauen. Zu Beginn markert und belohnt ihr schon, wenn euer Hund nur minimal die Nase durch die Schlinge steckt. Läuft es gut, könnt ihr die Anforderungen von Mal zu Mal steigern.

Idefix lernt den Kopf durch das Halsband zu stecken.

Ziel dieser Übung soll es sein, dass ihr nur die Leine mit Halsung hinhalten müsst, und schon schlüpft der Hund hinein. Für viele Hunde ist die Leine ohnehin eine Ankündigung, dass etwas Tolles folgt, wie etwa ein Spaziergang. Das wirkt sich in der Regel sehr förderlich auf den Lernprozess aus. Ihr könnt den Trick noch ausweiten, indem ihr euch zuerst die Leine bringen lasst, und dann zieht der Hund diese an. Alternativ könnt ihr das Anziehen auch nur mit einem weit eingestellten, steifen Halsband üben. Der Aufbau ist zu Beginn sehr ähnlich. Allerdings provoziert ihr entweder durch Locken oder euer Handtarget einen Anstupser mit seinem Nasenrücken des Vierbeiners an der inneren oberen Fläche des Halsbandes. Hierbei müsst ihr sehr genau markern, denn Ziel soll es sein, dass der Hund es schafft, mit einem gezielten Hochstupsen des Halsbandes sich dieses über den Kopf zu schwingen. Das ist am Anfang nicht ganz so einfach. Ihr müsst sehr genau mit eurem Marker und der Belohnung sein. Klappt es aber, beginnt ihr das Halsband immer weiter nach unten zu bewegen. Vorausgesetzt, euer Vierbeiner schafft es, auch unter diesen veränderten Bedingungen weiterhin das Halsband über den Kopf zu bekommen, könnt ihr anfangen, es auf den Boden zu legen. Achtet darauf, dass dies zu Beginn auf einer dicken Decke oder einem hochflorigen Teppich passiert, damit er auch die Chance bekommt, überhaupt mit der Nase die richtige Stelle zu treffen.

Socken ausziehen

Dieser Trick hat seine Basis in der Ausbildung von Servicehunden, die ihren gehandicapten Menschen vorsichtig die Socken ausziehen.

Für diesen Trick ist eine dicke, feste Wollsocke, die locker am Fuß sitzt, die optimale Wahl. Zu Beginn zieht ihr die Socke aber noch nicht an, sondern haltet sie locker in der Hand, zeigt sie eurem Hund und ermuntert ihn, diese zu fassen. Kann er bereits *Nimm* und *Zieh,* könnt ihr das nutzen. Lasst ihn die locker gehaltene Socke aus der Hand ziehen, belohnt ihn dafür und wiederholt die Übung, bis ihr sicher seid, dass euer Kumpel an der Socke ziehen wird.

Bevor ihr die Socke über den Fuß streift, übt den Ablauf erst mit der Hand. Nehmt für diesen Trick eine dicke und feste Wollsocke.

Im nächsten Schritt stülpt ihr die Socke ein wenig über eure Hand, und zwar so, dass der Hund schon mit ein wenig Ziehen die Socke komplett abbekommen kann. Markert, belohnt und wiederholt diesen Ablauf einige Male, wobei ihr die Übung immer etwas schwieriger gestaltet, indem ihr die Socke weiter über eure Hand stülpt.

Erst wenn euer Hundekumpel es schafft, die Socke komplett von eurer Hand zu ziehen, ist es Zeit, den Ablauf am Fuß zu üben. Der Aufbau ist identisch mit der Übung an der Hand. Nach dem gleichen Prinzip könnt ihr im Anschluss auch das Handschuhausziehen üben oder das Aufziehen einer Schuhbandschleife.

Reißverschluss öffnen

Es kann durchaus hilfreich sein, wenn ein Hund gelernt hat, einen Reißverschluss zu öffnen. Ihr könnt das mit einer Jacke oder einer Tasche üben, die einen leichtgängigen Reißverschluss haben, der nicht zum Verhaken neigt. Bitte nutzt für die ersten Übungsversuche keine Jacke, an der ihr sehr hängt, denn es kann natürlich passieren, dass der Hund aus Versehen an der Jacke zieht und nicht nur am Reißverschluss. Am Zipper des Reißverschlusses befestigt ihr ein Stück Kordel, damit euer Teamkollege den Zipper besser fassen kann. Manche Jacken oder Taschen verfügen bereits über ein sogenanntes Ziptag, dieses könnt ihr natürlich auch nutzen, vorausgesetzt, es ist groß genug. Reicht eurem Hund das Bändchen oder den Ziptag an. Kann er bereits das Signal *Nimm*, könnt ihr ihn damit auffordern, das Band zu nehmen.

Kennt euer Hund das noch nicht, kann es sein, dass er nicht auf die Idee kommt, hineinzubeißen. Tastet euch langsam heran, indem ihr jeden Nase-Band-Kontakt markert und belohnt. Wartet nach einigen Wiederholungen ab, ob der Hund jetzt ein Hineinbeißen in den Zipper anbietet. Alternativ könnt ihr das Bändchen abknoten und es für den Hund werfen oder ihr ermuntert ihn mit Zergelbewegungen, es ins Maul zu nehmen.

Markert und belohnt sofort, wenn der Hund hineinbeißt, auch wenn er zu Beginn noch nicht zieht. Wiederholt die Übung, bis er den Zipper

Lilly lernt, zuerst den Zipper zu fassen.
Schwieriger wird das Öffnen des Reißverschlusses, wenn der Mensch steht.

bereitwillig und gern ins Maul nimmt. Haltet dann den Zipper ein klein wenig höher, und wenn durch das Zufassen eures Vierbeiners eine kleine Ziehbewegung entsteht, markert und belohnt ihr sofort. Vielleicht sind es zu Beginn nur ganz wenige Zähnchen des Reißverschlusses, die euer Hund bewegt, doch das ist ein sehr guter Anfang.

Ziel ist es natürlich, dass der Hundekumpel später den kompletten Reißverschluss aufziehen kann. Hat er das Grundprinzip verstanden, schließt ihr den Reißverschluss nur zwei Zentimeter. Markert und belohnt nur, wenn er die zwei Zentimeter ganz schafft. Klappt das, könnt ihr den Schwierigkeitsgrad zentimeterweise immer weiter steigern, bis euer tierischer Helfer den kompletten Reißverschluss aufziehen kann.

Jacke ausziehen

Für diese Übung ist es wichtig, dass euer tierischer Freund die Übung *Reißverschluss öffnen* bereits beherrscht. Nehmt eine Jacke, die vielleicht schon etwas älter und robuster ist, da der Hund nachher am Ärmel ziehen soll. Der Reißverschluss sollte leichtgängig sein und nicht zum Verhaken neigen, auch wenn man ihn aus verschiedenen Winkeln zieht. Also unbedingt vorher ausprobieren. Befestigt auch hier ein Stückchen Kordel am Zipper. Wenn ihr an dieser Jacke noch nicht das Öffnen des Reißverschlusses geübt habt, kann es gut sein, dass ihr einen kleinen Schritt zurückmachen müsst und euren Hundekumpel zunächst wieder in kleinen Schritten an die neue Aufgabe heranführen müsst. Übt deshalb einfach kurz noch mal das Öffnen der Jacke wie im Trick zuvor beschrieben.

Klappt das gut und er öffnet auch an eurer Jacke den Reißverschluss, kann es weitergehen. Ihr zieht die Jacke an und kniet oder hockt euch vor euren Hund. Der Zipper sollte sich in einer für den Hund gut erreichbaren Höhe befinden. Ermuntert ihn, den Zipper zu fassen und zu öff-

Foto © M. Zaitz

Lilly hat gelernt, wie sie beim Ausziehen einer Jacke helfen kann.

nen. Das kann zu Beginn dadurch, dass ihr die Jacke anhabt, mitunter schwierig werden. Nicht zuletzt auch deshalb, weil wir häufig unseren Hunden schon sehr früh beigebracht haben, dass es nicht erwünscht ist, dass er an unserer Kleidung zieht. Markert und belohnt ihn, wenn das gut klappt. Wiederholt und steigert den Schwierigkeitsgrad, bis der Hund es schafft, den gesamten Reißverschluss zu öffnen. Behaltet immer die Größe eures Vierbeiners im Auge und schafft die richtigen Voraussetzungen dafür, dass er auch an den Reißverschluss herankommen kann. Wenn er verstanden hat, worum es geht, und auch ohne Aufforderung den Zipper fasst, könnt ihr ein neues Signal einführen, wie zum Beispiel *Zipper* oder *Ausziehen*, und müsst nicht beim *Zieh* bleiben.

Um die Jacke nun komplett auszuziehen, muss euer Hund nur noch an den Ärmeln ziehen. Dazu zieht ihr eure Hand in den Ärmel, fasst mit der anderen Hand das Ärmelende und lasst euren Hund mit dem Signal *Nimm* und *Zieh* daran ziehen. Diese Grundsignale hat er ja bereits gelernt. Falls nicht, springt noch mal dorthin zurück. Ihr helft beim Ausziehen natürlich etwas mit, indem ihr mit der Schulter aus dem Ärmel herausschlüpft. Keine Sorge, wenn euer Hund nicht sofort den ganzen Ärmel schafft, ist das kein Problem. Geht einfach in kleinen Schritten vor, bis er euch schließlich beide Ärmel ausziehen kann.

Mütze abnehmen

Der Hund zieht einer Person deren Hut oder Mütze vom Kopf. Ihr solltet mit einer Kappe üben, an der euch nicht allzu viel liegt, damit Hundesabber und Zähne keinen großen Schaden anrichten. Zeigt sie eurem Hund. Kann er bereits auf Signal Dinge aufnehmen, nutzt ihr das Signal und lasst ihn die Kappe nehmen. Kann er auch das Signal *Zieh*, lasst ihr sie euch aus der Hand ziehen.

Foto © A. Maurer

Vorsichtig fasst Pepper die Kappe am Schirm.

Foto © A. Maurer

Schnell auf den Rücken gesprungen …

Foto © A. Maurer

… und weg mit der Kappe.

Kann er dies noch nicht, fangt ihr ganz vorsichtig an. Markert und bestätigt zunächst jeden Nase-Kappen-Kontakt. Belohnt dies so häufig, bis der Hund verstanden hat, dass es um den Gegenstand geht. Beginnt dann damit, Marker und Belohnung hinauszuzögern. Setzt euer Hund –anfangs vielleicht nur zögerlich – seine Zähne ein, markert und belohnt ihr ihn sofort. Diesen Schritt bestätigt ihr so lange, bis der Hund ihn sicher verknüpft hat. Nimmt er ohne zu zögern die Kappe, markert und belohnt ihr ihn mit einem Jackpot.

Setzt nun die Kappe auf eure Hand und haltet sie so, dass der Hund noch gut heranreicht. Lasst ihn den Gegenstand nehmen, markert und belohnt ihn ausgiebig dafür. Um es einfacher zu machen, könnt ihr die Hand kippen, damit die Kappe leichter hinunterrutschen kann. Klappt das nach mehreren Wiederholungen, könnt ihr zum nächsten Schritt übergehen: Setzt euch die Kappe auf den Kopf. Stülpt sie zu Anfang nur lose über und setzt euch zu ihm auf den Boden, damit er es nicht zu schwer hat. Zieht er euch nicht gleich die Kappe vom Kopf, nähert euch wieder vorsichtig an. Hängt den Gegenstand zunächst wieder über eure Hand und haltet ihn in einer Höhe, in der euer Hund sie immer genommen hat. Tastet euch auf diese Weise langsam an Kopfhöhe heran, während ihr immer noch auf dem Boden sitzt. Zieht der Vierbeiner euch die Kappe vom Kopf, markert und belohnt ihr ihn mit einem Jackpot. Übt dies einige Male. Klappt es weiter, könnt ihr mit der Einführung eines Signalworts beginnen.

Natürlich wird kaum ein Hund, außer die besonders großen Rassen, während er an euch hochspringt, euch im Stand die Kappe vom Kopf ziehen können. Um diesen Trick nett zu präsentieren, könnt ihr euch aber unauffällig hinunterbeugen, indem ihr beispielsweise so tut, als müsstet ihr euch die Schuhe zubinden.

Um diesen Trick noch etwas interessanter zu gestalten, könnt ihr euren Vierbeiner auch auf euren Rücken springen lassen, um euch die Kappe vom Kopf zu ziehen. Eine Variante, die nur für ausgewachsene, gesunde Hunde infrage kommt. Sollten bei euch gesundheitliche Probleme im Rückenbereich bestehen, dann verzichtet auf diese Variante, ebenso, wenn der Hund sehr groß und schwer ist.

Euer Hund sollte bereits gelernt haben, sicher auf euren Rücken zu springen. Dies übt ihr mit zwei Hilfspersonen. Begebt euch zunächst auf alle viere, positioniert jeweils eine Hilfsperson rechts und links von euch und den Hund hinter euch. Einer der Helfer lockt ihn mit einem Leckerchen zum Aufspringen auf den Rücken. Hierfür zeigt er dem Hund den Snack und hält ihn dann ungefähr in Höhe eures Genicks über euren Rücken. Springt der Hund nun auf, sollte er idealerweise mit den Vorderpfoten auf Höhe eurer Schulterblätter zu stehen kommen. Springt er bereits auf Signal auf andere Gegenstände oder zum Beispiel ins Auto, so könnt ihr auch dieses Signal dafür nutzen.

Zeigt der Hund keine Trittunsicherheiten und fühlt er sich auf dem Rücken nicht unwohl, beginnt ihr damit, ihn von hinten die Kappe vom Kopf ziehen zu lassen und damit von eurem Rücken hinunterzuspringen. Danach könnt ihr nach und nach erst eine, dann beide Hilfspersonen abbauen. Wählt – wie bei allen Sprüngen – den Untergrund mit Bedacht. Er sollte weich und ohne Löcher sein, zum Beispiel eine Wiese oder Sandboden. Übt den Trick in Verbindung mit dem Rückensprung nicht zu häufig, um die Gelenke eures Hundes nicht unnötig zu belasten.

Knoten öffnen

Aus zahlreichen Filmen ist bekannt, dass Hunde nicht nur die Bösewichte fangen, sondern auch die Guten befreien. Da ist es natürlich hilfreich, wenn der vierbeinige Held Fesseln lösen kann.

Fotos © A. Maurer

1. Legt die beiden Seilenden wie abgebildet übereinander.
2. Bildet mit dem oben liegenden Ende eine Schlaufe und führt diese, wie bei einem Knoten, unter dem unten liegenden Seil hindurch.
3. Nehmt das zuletzt genutzte Seilende wieder auf und bildet wieder eine Schlaufe.
4. Führt die neu gebildete Schlaufe durch die zuvor gestaltete Schlaufe hindurch.
5. Zieht den Knoten fest.

Auch wenn es Kandidaten gibt, die einen richtigen Doppelknoten mit einiger Übung lösen können, ist es einfacher, mit einem speziellen Knoten zu arbeiten, dem sogenannten Panikknoten. Reiter werden diesen bereits kennen: eine Technik, die einen festen Knoten garantiert, aber durch Zug an dem herabhängenden Ende ganz leicht zu öffnen ist. Folgt der Fotoserie, um die richtige Knotentechnik zu erlernen.

Dieser Knoten lässt sich nun durch ganz leichten Zug am herunterhängenden Ende lösen. Achtet

Foto © A. Maurer

Auch ein junger Hund kann schon ziehen lernen.

Schon entfesselt.

Foto © A. Maurer

darauf, dass der Hund am richtigen Ende zieht, Ziehen am falschen Ende führt zu keinem Erfolg.

Übt zunächst erst ohne Knoten mit dem Seil und lasst den Hund daran ziehen. Hat er das noch nie gemacht, könnt ihr die Übung über ein Zergelspiel aufbauen. Bewegt das Seil schnell von eurem Hund weg, lasst es hüpfen und unvorhersehbare Bewegungen machen, damit er animiert wird, es fangen zu wollen. Fasst er das Seil, markert und belohnt ihr ihn. Lasst ihn daran ziehen und damit spielen. Wiederholt das Spiel immer wieder, und jedes Mal, wenn er das Seil hat und daran zieht, sagt ihr *Zieh,* um das Signal zu etablieren.

Kann euer Hund auf Signal schon an Dingen ziehen, nutzt das ruhig und lasst euch das Seil einige Male aus den Händen ziehen. Haltet es dabei von Mal zu Mal etwas fester, sodass der Vierbeiner ein wenig Kraft aufwenden muss, um es euch aus den Händen zu ziehen. Klappt das schon gut, knotet ihr das Seil zunächst nur an einen Pfosten und lasst den Hund am richtigen Ende ziehen. Hat er den Bogen raus, könnt ihr anfangen, eure Zuschauer zu fesseln.

Wenn ihr unsicher seid oder Sorge habt, vergessen zu können, welches das richtige Ende ist, knüpft an die andere Seite des Taus einen Knoten. Nur der Vollständigkeit halber sei erwähnt, dass ihr ab sofort euren Hund mit diesem Panikknoten nicht mehr festbinden solltet.

Ziel des Tricks ist es, dass der Hund Gegenstände in eine Kiste fallen lässt.

Aufräumen

Wer wünscht sich nicht einen Hund, der aufräumt, und sei es nur das eigene Spielzeug. Hierfür sollte der tierische Mitbewohner bereits apportieren können, idealerweise in die Hand. Nutzt einen Gegenstand, der nicht zu groß und für ihn leicht zu fassen ist. Als Behälter zum Einräumen könnt ihr einen Pappkarton oder eine Kiste nehmen. Die Größe sollte dem jeweiligen Hund angepasst sein; ideal ist es, wenn die Kante ungefähr bis zur Brusthöhe geht. Lasst euch zunächst den Gegenstand zwei- bis dreimal in die Hand apportieren. Markert und belohnt, wenn er es gut macht. Dann hockt ihr euch am besten hin, überprüft, ob euer Hund auch in dieser Position noch apportiert, und platziert dann die Kiste direkt vor euch. Werft zunächst das Spielzeug in gerader Linie von euch und der Kiste weg und schickt euren Hund, es zu holen. Positioniert eure Hand leicht geneigt über der

Idealerweise sollte euer Hund bereits Gegenstände apportieren können.

Die Grundsignale *Nimm* und *Zieh* solltet ihr schon geübt haben.

Kiste, sodass das Spielzeug hineinfällt, wenn euer Mitspieler versucht, es euch in die Hand zu legen. Markert und belohnt sofort. Manchmal kann es hilfreich sein, den Belohnungskeks in die Kiste zu legen, um diese zusätzlich aufzuwerten.

Manchmal passiert es, dass ein Hund die Kiste als Hindernis auf dem Weg zu euch wahrnimmt und einen Bogen drum herumläuft, um euch von der Seite das Spielzeug zu bringen. In so einem Fall platziert euch so in einem Türrahmen, dass der Vierbeiner in dem einen Zimmer ist, ihr in dem anderen und die Kiste auf der Türschwelle dazwischensteht. So sollte es dann gut funktionieren.

Wenn die ersten Schritte gut klappen, müsst ihr nur noch eure Hand abbauen. Nehmt sie bei den Durchgängen immer weiter ein Stück

Voraussetzung dafür, dass es mit diesem Trick klappt, ist, dass euer Hund den Griff auch wirklich gut fassen kann. Alternativ könnt ihr ein Seil daran knoten.

zurück in eure Richtung und senkt die Hand dabei ab, bis sie senkrecht nach unten zeigt. Fällt das Spielzeug schließlich zuverlässig in die Kiste, nehmt ihr eure Hand ganz weg. Achtet darauf, sie möglichst nicht in den Schoß zu legen, sondern nehmt sie hinter den Rücken. Klappt es und euer Hund wirft das Spielzeug in die Kiste, habt ihr schon wieder einen großen Schritt geschafft. Sobald es sicher sitzt, könnt ihr mit der Einführung eures neuen Signals beginnen.

Da ihr ja nicht dauerhaft immer hinter der Kiste stehen möchtet, wenn euer vierbeiniger Helfer aufräumt, beginnt ihr mit dem Aufbau von etwas Distanz. Fangt damit an, die Kiste fünf Zentimeter zur Seite zu schieben, und geht in etwa gleich großen Schritten weiter, bis die Kiste deutlich neben euch steht und der Hund trotzdem das Spielzeug dort hineinräumt.

Schubladen und Schränke öffnen

Eine sehr schöne Übung aus dem Bereich für Servicehunde ist das Öffnen von Schubladen und Schränken. Um es euch beiden leichter zu machen, solltet ihr die Grundsignale *Nimm* und *Zieh* schon eingeübt haben.

Sucht euch einen Schubladenschrank, an dem es nicht so schlimm ist, wenn der Hund aus Versehen eine Macke hineinmacht. Mit den Schubladen der neuen Küche zu üben, ist in diesem Fall nicht die cleverste Idee. Die Schublade sollte leichtgängig sein und möglichst einen Griff haben, an dem ihr einen kleinen Strick oder ein Band befestigen könnt. Möchtet ihr, dass euer Hund eine Schranktür öffnet, versichert euch im Vorfeld, dass die Tür nicht mit einem Knall wieder zufällt, oder schafft Abhilfe mit einem kleinen Filzpad, das ihr an die Innenseite der Tür klebt. Der Hund sollte beim Arbeiten auf keinen Fall erschrecken oder sich verletzen können! Ermuntert ihn mit den bereits eingeübten Grundsignalen, an dem Band des Schubladengriffs oder der Tür zu ziehen. Markert und belohnt, sobald sich die Tür oder Schublade nur wenige Millimeter bewegt. Ihr könnt im Verlauf des Trainings die Anforderungen steigern, immer vorausgesetzt, euer Hund kann den letzten Trainingsschritt schon richtig gut. Schafft es der Hund, die Tür ganz zu öffnen, markert und belohnt ihn dann mit einem Jackpot.

Wenn euer Hund begeistert immer wieder Türen und Schubladen öffnet, sobald ihr ihn mit *Zieh* dazu aufgefordert habt, ist es Zeit, ein neues Signal einzuführen.

Ihr könnt diese Übung natürlich auch ohne den helfenden Strick aufbauen und dem Hund beibringen, die Tür oder Schublade am Griff zu fassen und aufzuziehen. Voraussetzung dafür ist allerdings ein für den Hund gut fassbarer Knauf oder Griff. Wer den Trick noch etwas ausweiten möchte, kann seinen Hund nach dem Öffnen Dinge aus dem Schrank apportieren oder einräumen lassen.

Treteimer öffnen

Für das Drücken des Fußpedals zum Öffnen eines Treteimers sollte euer Hundekumpel das Grundsignal *Touch,* also das gezielte Berühren mit der Pfote, schon eingeübt haben.

Bitte überlegt gut, ob ihr diesen Trick mit dem gleichen Eimer übt, den ihr auch für den Hausmüll nutzt. Denn auf diese Weise gewährt ihr eurem Hund den Zugang zu für ihn verwertbaren Nahrungsmittelresten.

Deshalb empfehle ich euch, einen speziellen Eimer zu nutzen und nur mit diesem üben, zum Beispiel mit einem kleinen Kosmetikeimer. Das Fußpedal sollte groß genug für die Hundepfote sein und der Eimer sollte sich schon bei leichtem Druck öffnen. Beschwert den Eimer mit einem Stein oder einer Tüte Vogelsand, sodass er nicht sofort umkippt, wenn der Hund damit arbeitet. Zu Beginn der Übung kann es hilfreich sein, wenn ihr den Eimer mit euren Füßen leicht fixiert oder zwischen den Beinen einklemmt, um zu verhindern, dass er verrutscht.

Deutet mit dem Finger auf das Fußpedal und fragt das Signal *Touch* ab. Berührt der Hund mit der Pfote das Pedal, markert und belohnt sofort. Ihr markert und belohnt auch, wenn sich anfangs der Deckel noch nicht merklich hebt. Berührt der Teamkollege das Pedal zuverlässig, könnt ihr dazu übergehen, gezielt die Einsätze zu belohnen, in denen sich der Deckel merklich hebt. Trifft euer Vierbeiner das Pedal nicht, nutzt einen kleinen Umweg. Nehmt zum Beispiel einen kleinen Bierdeckel als Target, lasst euren Hund diesen berühren und tastet euch damit in Richtung Pedal hinunter.Schafft der Hund es nicht, den Deckel wesentlich zu bewegen, überprüft, ob der Mechanismus leichtgängig genug für den Hund

Ihr könnt auch Eure Hand als Target nutzen, um Eurem Hund zu zeigen wo er touchen soll.

ist. Ist das der Fall, könnt ihr auch versuchen, gezielt die Durchgänge, in denen der Deckel sich etwas höher hebt, deutlich (!) besser zu belohnen als bei den vorherigen, da dieser nur leicht wackelt. Erarbeitet euch als Team so schrittweise das komplette Öffnen des Deckels.

Richtig Eindruck schindet ihr übrigens, wenn ihr eurem Hund auch noch das Signal *Aufräumen* beibringt. Denn das lässt sich ideal kombinieren und euer tierischer Mitbewohner kann zum Beispiel Papiermüll wegräumen.

Kiste öffnen

Für diesen Trick benötigt ihr eine für die Größe eures Hundes passende Kiste. Für die ersten Versuche könnt ihr zunächst auch mit einer Brotdose oder mit einem Schuhkarton mit Deckel üben, in dem ihr eine Deckelseite einfach am Karton festklebt.

Es ist hilfreich für diesen Trick, wenn die Kiste oder der Karton zu Beginn so klein ist, dass ihr ihn in den Händen halten könnt. Öffnet den Deckel komplett und haltet die Kiste eurem Hund hin. Die meisten Vierbeiner sind so neugierig, dass sie gleich hineinschauen. So könnt ihr sofort markern und belohnen, dass er seine Nase in die Kiste steckt.

Schließt den Deckel in der Wiederholung dieser Übung ein klein wenig. Steckt er wieder gleich die Nase hinein, markert und belohnt ihr. So tastet ihr euch immer weiter in kleinen Schritten an eine geschlossene Kiste heran. Irgendwann merkt der Hund: Die Nase lässt sich nicht mehr so hineinstecken, weil der Deckel im Weg ist. Er wird nun versuchen, mit der Nase in den Spalt zwischen Deckel und Kiste zu kommen. So lüpft er automatisch den Deckel etwas an. Übt auf diese Weise weiter, bis der Kistendeckel komplett geschlossen ist. Wird das Öffnen auf diesem Weg von hinten aufgebaut, ist es für den Hund viel leichter.

Foto © M. Zaitz

Natürlich könntet ihr auch Leckerchen oder ein Spielzeug in die Kiste packen und schauen, ob euer Vierbeiner selbst versucht, sie aufzubekommen. Das ist aber häufig mit Frust verbunden, weil er es vielleicht noch nicht schafft. Blöd wäre auch, wenn er uns die Kiste mit Schwung aus der Hand schlägt, weil er mit seiner Pfote draufhaut. Damit würde er sich für dieses Verhalten selbst belohnen, und das sollt ihr vermeiden.

Wenn ihr diesen Trick später einmal vor Publikum zeigen möchtet, solltet ihr bestimmte Dinge bei der Auswahl der Kiste beachten: Sie muss standfest sein und einen leichten Deckel haben. Schwedische Möbelhäuser bieten günstige Kisten in vielen verschiedenen Varianten an. Wichtig ist, dass die Kiste nicht gleich bei den ersten Übungsversuchen verrutscht und so ein Öffnen unnötig erschwert wird. Legt einen großen Stein oder zwei Tüten mit Vogelsand in die Kiste, damit sie nicht so leicht umfällt. Um es dem Hund etwas zu erleichtern, könnt ihr mit Gurtband eine Schlaufe am Deckel befestigen. Achtet auf jeden Fall darauf, dass insbesondere der Deckel keine scharfen Kanten aufweist. Holzkisten sind aufgrund des Gewichts eher nicht so gut geeignet.

Kiste schließen

Nachdem euer Hund nun das Öffnen der Kiste gelernt hat, ist der nächste Schritt das Schließen. Wenn ihr eine Kiste mit klappbarem Deckel gewählt habt, ist es leicht, da der Deckel automatisch in die richtige Position fällt. Klappt die Kiste auf, dreht sie so zum Hund, dass er sie bequem mit der Nase zustupsen kann. Haltet dazu die Kiste so hoch, dass er für den Stups seine Nase nutzt

Boony hat gelernt, mit einem Stups den Deckel der Kiste zu schließen.

und nicht die Pfote. Kennt er schon das Signal *Stups,* nutzt ihr das. Kennt er es noch nicht, haltet ihr die Kiste so, dass er seine Nase bei nur sehr wenig Vorwärtsbewegung darandrückt. Markert und belohnt, sobald der Vierbeiner nur den Deckel berührt. Klemmt ein Taschentuch oder ein Stück Stoff zwischen Deckel und Kiste, sodass der Deckel bei richtig festem Stupsen nicht scheppernd auf die Kiste knallt. Bestätigt jeden kleinen Ansatz, bis sich der Deckel merklich bewegt. Klappt es, ist ein Jackpot fällig.

Licht an- oder ausmachen

Dies ist eine Übung aus dem Training für Service-Dogs. Mit der Schnauze betätigt der Hund den Lichtschalter und schaltet so das Licht an. Je nach Größe des Vierbeiners und Höhe des Lichtschalters braucht ihr eventuell einen kleinen Tritthocker. Wenn ihr Sorge um eure Tapete habt, besorgt euch aus dem Baumarkt oder einem Haushaltswarenladen ein kleines Tischset und schneidet eine Öffnung hinein, die etwas kleiner als der Schalter ist. Montiert den Schalter ab, legt das Tischset auf die Tapete und bringt den Schalter wieder an. Fertig ist der Tapetenschutz.

Ihr solltet mit eurem Hund das Signal *Stups* schon eingeübt haben. Deutet auf den Lichtschalter und ermuntert ihn, diesen zu berühren. Zu Beginn kann es einfacher sein, den Schalter kurz abzunehmen. Bei den meisten Lichtschaltern lässt sich das mit einem Schraubendreher machen. So könnt ihr eurem Hund den Schalter hinhalten und das Anstupsen üben. Klappt es, könnt ihr von Mal zu Mal die Position des Schalters verändern, bis dieser wieder an der richtigen Position ist und ihr ihn wieder festmachen könnt. Wenn ihr das nicht möchtet, könnt ihr auch mit einem Post-it oder einem Klebepunkt arbeiten. Zunächst klebt ihr euch das Post-it in die Hand und übt mit dem Hund, gezielt an das Post-it zu stupsen. Klappt das, macht ihr es etwas schwerer und variiert die Position des Post-its auf der Hand. Klappt auch dies, platziert ihr das Post-it an der Wand und tastet euch dann langsam in Richtung Lichtschalter vor. Positioniert ihn so, dass er nicht mittig sitzt, sondern wirklich an der Stelle, an der man auch drücken muss, um das Licht anzuschalten. Markert und belohnt zunächst jede Berührung, auch wenn nicht sofort das Licht angeht. Wird der Hund mit zunehmendem Training sicherer, könnt ihr kurz abwarten, ob er fest genug drückt, um das Licht wirklich einzuschalten. Belohnt diese Aktion mit einem Jackpot und lasst ihn dann weiterprobieren. Erst wenn der Vierbeiner das Licht sicher anmachen kann, führt ihr ein neues Signal ein.

Wenn ihr nicht möchtet, dass euer Hund an der Wand hochspringt, um an den Schalter heranzureichen, nutzt einen kleinen Schemel und bringt dem Hund zuvor bei, dort hinaufzuspringen. Sollte er selbst mit dieser Tritthilfe nicht an den Lichtschalter heranreichen, müsst ihr trotzdem nicht auf den Trick verzichten. Besorgt euch aus einem Haushaltswarenladen (oft gibt es Billigmärkte, die mit Restposten handeln) eine sogenannte „Push-Lampe“. Das sind batteriebetriebene Lampen, die man durch Drücken einschalten kann.

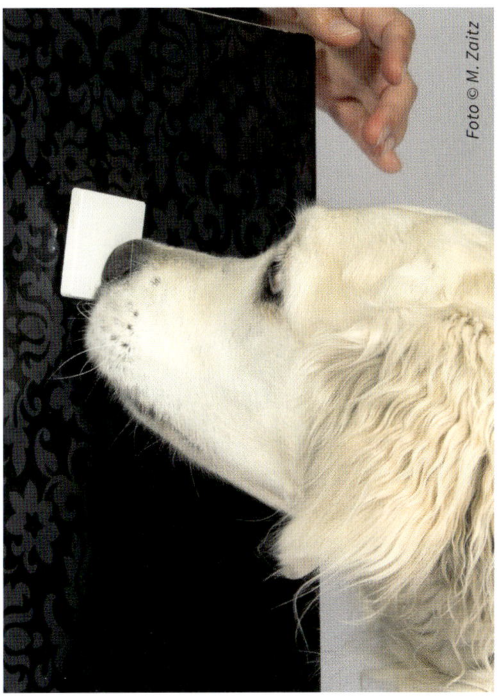

Bantje beherrscht die Kunst, den richtigen Druckpunkt zu treffen.

Diese könnt ihr auf den Boden legen oder in beliebiger Höhe passend an der Wand anbringen. Herkömmliche Tischlampen solltet ihr aus Sicherheitsgründen nicht benutzen. Die sehr kleinen Schalter sind nicht für Hunde gemacht, sie könnten sich die Pfote daran verletzen oder ihr Sabber könnte hineingelangen. Im schlimmsten Fall würde das einen Stromschlag verursachen. Wenn euer Hund stark sabbert, würde ich überlegen, ob dies der richtige Trick für ihn ist.

Türe schließen

Ihr liegt gerade gemütlich auf der Couch und bemerkt, dass die Wohnzimmertür noch offen steht. Ihr könntet natürlich aufstehen und sie selbst schließen oder ihr schickt euren tierischen Mitbewohner. Natürlich müsst ihr ihm das Schließen der Tür zuvor beibringen. Am leichtesten geht das, wenn euer Hund bereits das *Stups* (siehe Kapitel Grundsignale zum Aufbau der Tricks) beherrscht. Achtet darauf, dass der Vierbeiner nur mit der Nase stupst; setzt er seine Pfoten ein, kann die Tür sehr leicht zerkratzen. Kann er mit

Vorsichtig berührt Luise die Tür.

Mit ein wenig Übung stupst Luise die Tür zu.

Targetpunkten arbeiten, setzt ihr einen Punkt an die Stelle der Tür, die es ihm sowohl vom Winkel als auch von der Höhe her ermöglicht, diese gut schließen zu können. Der Punkt sollte sich zum einen auf Nasenhöhe befinden und zum anderen an der Außenseite der Tür. Ob mit oder ohne Targetpunkt als Hilfsmittel, ihr sucht euch immer die gleiche Stelle aus und ermuntert den Hund, die Tür dort mit der Nase zu berühren.

Anfangs reicht ein ganz leichtes Berühren aus. Der Hund muss die Tür noch nicht merklich bewegen. Macht er keinerlei Anstalten, diese zu berühren, könnt ihr mit einem guten Stück Fleischwurst tricksen. Drückt dieses an die Stelle der Tür, gegen die der Hundekumpel drücken soll. Nähert er sich dann dieser Stelle, um sie zu beschnuppern, und kommt dabei mit der Nase nah an die Tür, markert und belohnt ihr ihn sofort mit einem guten Leckerchen. Markert und belohnt wirklich jedes Stupsen. Schließt sich die Tür, belohnt ihr den fleißigen Helfer mit einem Jackpot.

Bedenkt immer, dass Hunde neu erlernte Verhaltensweisen bis zur Festigung und Signalkontrolle eventuell auch zwischendurch anbieten. Wenn ihr die Wohnung verlasst, um mal eben nach der Post zu schauen, und lasst die Tür dabei offen, nehmt sicherheitshalber den Schlüssel mit. Man weiß ja nie … Genau das gleiche Prinzip des Stupses mit der Nase könnt ihr auch zum Schließen von Schubladen und Schranktüren anwenden.

Flasche aufdrehen

Diesen Trick verdanken wir einem Kursteilnehmer, der von seinem Spanienurlaub berichtete. Er beobachtete, wie Straßenhunde am Strand liegen gebliebene Wasserflaschen von Touristen untersuchten. Bei näherem Betrachten sah er, das sie geschickt mit dem Maul die Kappe abdrehten und das restliche Wasser herauslaufen ließen, um es aufzuschlabbern. Nehmt zum Üben keine Glasfla-

Foto © A. Maurer

Benda hat ihre eigene Technik und fixiert die Flasche.

Foto © A. Maurer

Auch größere Flaschen sind kein Problem.

Foto © A. Maurer

Mit einem scharfen Messer lässt sich das Gewinde kürzen.

sche, sondern besser eine weiche PET-Flasche. Alternativ könnt ihr auch auf Futtertuben oder spezielle weiche Tuben zum Befüllen mit Kosmetika zurückgreifen. Die Futtertuben bekommt ihr in gut sortierten Hundeläden. Weitaus günstiger erhaltet ihr diese aber in Outdoor- und Trekkingläden unter dem Namen „Squeeze-Tuben". Die Kosmetiktuben wiederum gibt es in Drogeriemärkten. Füllt ein wenig Fleischbrühe oder mit Wasser verdünntes Katzenfutter hinein und lasst den Hund vorn an der Öffnung davon etwas ablecken. Wiederholt dies mehrfach. Füllt nur ein paar Tröpfchen des Fleischsaftes ein und setzt die Kappe mit einer Vierteldrehung auf das Gewinde.

Die Kappe sollte dabei noch so locker sitzen, dass sie bereits bei der leichtesten Manipulation abgeht. Haltet die Tube fest oder – wenn euer Hund geschickt mit den Pfoten ist und etwas festhalten kann – gebt sie ihm. Achtet gut darauf, dass euer Hund nicht fest zubeißt. Die Tuben bestehen zwar aus sehr weichem Material, aber Löcher, die durch Bisse verursacht wurden, können auch scharfe Kanten haben. Möchtet ihr diesen Trick später mit PET-Flaschen zeigen, darf der Hund nur mit weichem Maul arbeiten, da splitterndes Plastik ihn verletzen könnte. Habt ihr Grund zu der Annahme, dass euer Hund die Flasche zerbeißen wird, übt diesen Trick nicht mit ihm. Auf gar keinen Fall solltet ihr mit einer Glasflasche üben.

Wenn die Kappe von der Öffnung fällt, belohnt ihr euren Hund sofort. Achtet darauf, dass der Hund sie sofort auslässt und nicht darauf herumkaut oder sie gar verschluckt.

Bemerkt ihr, dass euer Helferlein durch die Manipulation eher die Flasche zuschraubt als öffnet, behelft ihr euch mit einem Trick: Mit einer kleinen Säge oder einem scharfen Messer kürzt ihr das Gewinde so weit, dass die Kappe nicht mehr als eine Vierteldrehung zu schließen ist, und versucht es dann erneut. Klappt es wieder nicht, überlegt, von welcher Seite ihr dem Hund die Tube hingehalten habt, und versucht dann einfach die andere Seite.

Wenn es mit der Tube gut und sicher funktioniert, der Hund kaut auch nicht auf dem Deckel herum, könnt ihr mit einer PET-Flasche weiterüben.

Flaschen einräumen

Hättet ihr nicht gern einen Mitbewohner, der Leergut in den dafür vorgesehenen Kasten einräumt? Ein sehr nützlicher Trick, den man im Alltag auch gut mit einbauen kann. Hierfür sollte euer Teamkollege das *Aufräumen* bereits beherrschen.

Ihr benötigt einen Kasten und einige leere PET-Flaschen, die dort hineinpassen. Wählt den Kasten je nach Größe eures Hundes aus. Für einen Jack Russell eignen sich nur 0,3- oder 0,5-Liter-Flaschen. Für größere Exemplare könnt ihr auch die 1-Liter-Flaschen wählen.

Damit diese leichter einzusortieren sind und mit dem Boden voran in den Kasten rutschen, kann man die Flaschen zuvor etwas präparieren. Hierzu eignet sich hervorragend durchsichtiges Kerzen-Gel aus dem Bastelladen. Dadurch kann man die Flasche am Boden beschweren, sie sieht aber nach wie vor leer aus. Für Shows und um den Trick vorzuführen ist das ideal. Gießt das noch flüssige, aber bereits leicht abgekühlte Kerzen-Gel in die Flaschen. Vorsicht, je nachdem, wie dünnwandig die Flaschen sind, sind sie hierfür eventuell nicht geeignet. Probiert das bitte nur auf einer sicheren Unterlage.

Achtet darauf, dass euer Hund die Flasche nicht zerbeißt.

Zuverlässig lässt Bantje die Flasche über der Kiste los.

Aufmerksam schaut der Hund schon bei den Vorbereitungen zu.
Schnell stupst Jonny das Buch auf, um an das Leckerchen heranzukommen.

Macht euren Helfer zuerst mit der Flasche vertraut, lasst sie ihn vom Boden aufheben oder apportieren. Achtet darauf, dass er die Flasche dabei nicht zerbeißt, die Plastiksplitter könnten ihn im Maul verletzen oder, wenn er sie verschluckt, zu schlimmen Darmperforierungen führen. Ermuntert ihn mit eurem Signal, welches ihr für das *Aufräumen* gewählt habt, die Flaschen in einen größeren Karton oder eine Kiste zu räumen.

Wiederholt das einige Male, bis er genauso zuverlässig die Flaschen in die Kiste räumt wie zuvor schon andere Gegenstände, mit denen ihr geübt habt. Wechselt dann und stellt anstelle des Kartons oder der Kiste den Flaschenkasten hin. Damit übt ihr weiter, bis es flüssig klappt.

Buchseite umblättern

Versonnen blättert der Hund in einem Buch – wenn das nicht die Zuschauer beeindruckt, was dann? Dieser Trick ist recht leicht zu erarbeiten. Auf dem Flohmarkt oder aber vielleicht auch auf dem Dachboden findet sich sicher ein geeignetes Buch. Der Einband sollte fest sein und die Seiten aus festem Papier. Kinderbücher haben sich bewährt.

Klappt das Buch auf und blättert selbst einmal durch die Seiten. Fallen sie leicht zur anderen Seite weg, habt ihr das richtige Buch gewählt. Übt bitte nicht mit dem Lieblingsbuch der Kinder oder einem Buch, an dem ihr hängt. So mancher Hund wird etwas übereifrig und könnte es beschädigen.

Legt zwischen Deckel und erster Seite ein Leckerchen und positioniert das Buch dann auf dem Boden, haltet es dabei aber an der Unterseite fest. Macht euren Hund auf das Leckerchen zwischen den Buchseiten aufmerksam und lasst ihn den Deckel mit der Nase aufstupsen, um das Leckerchen zu fressen. Wiederholt das einige Male, bis der Hund sich sicher ist, dass das Aufstupsen zu einer Belohnung führt. Jedes Mal, wenn er das Buch so öffnet, markert und belohnt ihr ihn dafür.

Dann nehmt ihr anstelle eines Leckerchens einen kleinen Gegenstand. Das kann ein Holzkeil, ein Radiergummi oder etwas Ähnliches sein – und legt diesen zwischen die Buchseiten. Stupst der Hund nun wieder den Deckel auf, markert und belohnt ihr ihn sofort mit einem Leckerchen aus eurer Hand. Achtet darauf, dass er nicht den Radiergummi oder den Keil verschluckt.

Wiederholt dies einige Male. Klappt es, ist es Zeit, auch diese Hilfe abzubauen. Knickt nun die erste Seite des Buches einmal in der Mitte ein. Ist es aus fester Pappe, biegt ihr die Seite nur. Dadurch liegt der Einband jetzt nicht mehr richtig auf und ist so, trotz fehlendem Leckerchen und fehlendem Hilfsgegenstand, für den Hund leichter zu öffnen. Lasst ihn nun wieder den Deckel aufstupsen. Klappt das, ist ein Jackpot fällig. Denn so ganz ohne Hilfe ist es wirklich schon deutlich schwieriger. Sollte das Buch immer wegrutschen, wenn der Hund es aufstupsen will, hilft es, Klettband an der Unterseite anzubringen. So bekommt es beispielsweise auf Teppichboden schon viel Halt.

Wäsche abnehmen

Wer hätte nicht gern hin und wieder einen Helfer im Haushalt? Mit diesem Trick kommt ihr diesem Wunsch einen großen Schritt näher, denn euer Hund lernt dabei, Wäsche vom Wäscheständer abzunehmen und gleich noch in den Wäschekorb zu legen.

Für diese Übung benötigt ihr einen Wäscheständer, angepasst an die Größe eures Hundes. Bei großen Hunden könnt ihr mit eurem normalen Wäscheständer arbeiten, bei kleineren ist ein Puppenwäscheständer die bessere Wahl. Entsprechend wählt ihr auch den Wäschekorb abhängig von der Größe eures Vierbeiners. Ideal ist es, wenn der Rand des Korbes ungefähr bis zur Brusthöhe des Hundes geht.

Um die Handlungskette – Wäsche abnehmen und in den Korb legen – möglichst sicher aufzubauen, beginnt ihr mit dem zweiten Teil der Übung, dem Einräumen der Wäsche in den Korb. Hierfür sollte euer Hund in jedem Fall schon sicher apportieren können. Setzt euch gemütlich auf den Boden, stellt den Korb frontal vor euch, und davor legt ihr das Wäschestück, das der vierbeinige Helfer einräumen soll. Entscheidet euch am besten für ein leichtes, nicht zu großes Stück, zum Beispiel eine Wollsocke. Der Korb sollte am Anfang der Übung immer zwischen euch und dem Hund stehen, da viele Vierbeiner schon gelernt haben, die verschiedensten Dinge zu ihrem Menschen zu bringen.

Ermuntert ihn, euch die Socke zu bringen. Wenn er normalerweise in die Hand apportiert, streckt die Hand nach der Socke aus, sobald er über dem Korb steht. Haltet sie jedoch so schräg, dass die Socke an eurer Hand entlang in den Korb rutscht. In diesem Moment markert und belohnt ihr. Apportiert euer Hund nicht in die Hand, sondern spuckt euch das Gebrachte nur vor die Füße, ist es fast noch einfacher: Haltet eine Hand am Korb, damit ihr ihn notfalls passend verschieben könnt, sodass die Socke in jedem Fall darin landet, sobald er sie loslässt. Übt das mehrfach hintereinander. Klappt es gut, könnt ihr dazu übergehen, die Socke in immer größerer Entfernung abzulegen. Markert und belohnt den Hund jedes Mal, wenn die Socke im Korb landet. Führt dann ein Signal dafür ein, zum Beispiel *Aufräumen*.

Mit Schwung zieht Luke die Socke von der Leine …

Wenn es sicher klappt, dass euer Helfer die Socke aus einiger Entfernung holt, verschiebt ihr den Korb ein kleines Stück seitlich. Bringt der Hund die Socke trotzdem sicher zum Ziel und lässt sie hineinfallen, könnt ihr nach und nach die Entfernung zwischen euch und dem Korb immer mehr vergrößern, damit euer Vierbeiner nachher auch selbsttätig die Wäsche abnehmen und dorthin bringen kann.

Nun folgt der nächste Schwierigkeitsgrad. Bisher hat der Hund die Socke immer vom Boden aufgehoben und gebracht, nun positioniert ihr sie ein bisschen höher. Nehmt eine kleine Kiste und legt die Socke gut sichtbar für den Hund darauf. Dann lasst ihn die Socke zum Korb bringen und hineinlegen. Klappt das nicht sofort, macht es ihm wieder etwas leichter und lehnt die Socke

… und räumt sie in den Wäschekorb.

erst nur gegen die Kiste oder nehmt eine kleinere Kiste, sodass das Wollstück besser zu sehen ist.

Absolviert euer Hund den Ablauf ohne Probleme, legt ihr die Socke über eine der Wäscheleinen, und zwar so, dass sie gerade so hängen bleibt. Lasst ihn die Socke holen, um sie in den Korb zu räumen. Solltet ihr sie so hoch aufgehängt haben, dass er die Vorderbeine vom Boden heben muss, um heranzukommen, kann es sein, dass er die Situation als nicht lösbar beurteilt. Versucht es dann mit einem schönen langen Kniestrumpf, den der Hund besser erreichen kann, und verkürzt diesen durch Umkrempeln von Mal zu Mal, sodass er sich immer ein wenig mehr strecken und anstrengen muss, um heranzukommen. Wichtig ist dabei, dass der Hund immer ein Erfolgserlebnis hat.

Wenn auch das keinerlei Probleme mehr bereitet, ist es Zeit für den letzten Schliff: in diesem Fall die Wäscheklammern. Hängt die Socke so auf, dass sie nicht von beiden Seiten der Klammer umschlossen wird, sondern nur von einer. So löst sie sich leichter und hängt zudem etwas tiefer. Versucht selbst einmal, mit zwei Fingern die Socke nach unten von der Leine zu ziehen. Löst sie sich ganz leicht, ist es auch perfekt für den Hund. Achtet darauf, dass der Wäscheständer immer stabil steht und der Hund nicht so fest zieht, dass er ihn dabei umreißt. Neben einem Riesenschreck könnte ihm das im schlimmsten Fall auch eine Verletzung einbringen.

Ob ihr nun diesen Trick im Haushalt nutzt oder nur zum Spaß einübt, bleibt euch überlassen. Bedenkt nur, dass sich zarte Seidenblusen nicht unbedingt mit scharfen Hundezähnen vertragen.

Bring es zu …

Stellt euch vor, euer Hundekumpel übernimmt kleine Botengänge. Etwa wenn eines eurer Kinder ein Taschentuch braucht. Ihr gebt dem Vierbeiner ein Päckchen und schickt ihn los, damit er es überbringt. Das will natürlich geübt sein, denn selbst wenn der Hund den einen oder anderen Namen schon verknüpfen kann, braucht er noch Hilfe, um zu verstehen, was ihr von ihm möchtet. Grundvoraussetzung für diesen Trick ist, dass er bereits sicher apportieren kann.

Ihr braucht dazu eine Hilfsperson. Nehmt einen Gegenstand, den der Hund gern apportiert, und setzt die Person, die diesen in Empfang nehmen soll, in circa einem Meter Entfernung hin. Stattet euren Helfer mit guten Leckerchen aus. Gebt nun dem Hund den Gegenstand und geht gemeinsam mit ihm zu der sitzenden Person. Bittet sie, die Hand genau so dem Hund entgegenzustrecken, wir ihr das beim Apportieren tut. Hält der Helfer den Gegenstand in der Hand, markert ihr und sie füttert euren Hund mit dem Leckerchen. Wiederholt diesen Schritt einige Male. Seid ihr sicher, dass der Vierbeiner den Gegenstand der Hilfsperson übergibt, könnt ihr es für ihn schwerer machen.

Bleibt von Mal zu Mal ein kleines Stückchen weiter von dem Helfer entfernt stehen. Klappt das mit rund einem Meter Abstand zuverlässig, beginnt ihr an der Stelle mit der Einführung eines neuen Signals. Achtung! Wählt ein Signal, das dem für das Apportieren nicht zu ähnlich ist. Schafft euer Hund problemlos diese kleine Distanz, vergrößert ihr die Entfernung immer mehr. Wird es für ihn zu schwierig, verringert ihr die Entfernung, die er allein gehen muss, wieder bis zu dem Punkt, an dem es gut geklappt hat, und übt mit dieser eine Weile weiter, bevor ihr anfangt, sie wieder zu vergrößern. Für den nächsten schweren Schritt könnt ihr den Helfer in einem anderen Zimmer positionieren. Zu Anfang sollte die Person immer noch gut zu sehen sein und erst mit jeder weiteren Übung ein Stückchen weiter im Nebenraum verschwin-

Foto © A. Maurer

Aufmerksam wartet TomTom auf die Anweisung, was er nun tun soll …

Foto © A. Maurer

… und bringt dann zuverlässig das Fläschchen zu Iris.

den. Soll der Hund verschiedenen Personen in eurem Umfeld Dinge bringen können, müsst ihr dies, wie oben beschrieben, mit unterschiedlichen Helfern üben.

Gegenstände an einem bestimmten Ort ablegen

Wäre es nicht praktisch, wenn euer Hund heruntergefallene Stifte, Taschentuchpäckchen oder Ähnliches wieder zurück auf den Tisch legen könnte? Für diesen Trick sollte er bereits Dinge apportieren können.

Ihr benötigt zunächst ein kleines Podest und einen Targetpunkt. Als Podest könnt ihr je nach Größe des Vierbeiners auch Stühle oder Schuhkartons nehmen. Als Targetpunkte eignen sich Mousepads oder aus Pappe ausgeschnittene Formen. Lasst euch ein paarmal den gewünschten Gegenstand in die Hand apportieren. Klappt das zuverlässig, nehmt ihr euer Target in die Hand und fordert euren Vierbeiner wieder auf, euch den Gegenstand zu geben. Legt er diesen auf das Target ab, wiederholt ihr die Übung noch einige Male. Legt dann das Target auf das Podest. Nutzt diese Erhöhung, damit es vom Hund besser wahrgenommen werden kann, und positioniert sie zwischen euch beide.

Foto © A. Maurer

Als Targetpunkt dient hier ein signalrotes Mousepad.

Gebt eurem Hund den Gegenstand und haltet eure Hand an das Target. Haltet es dabei aber noch fest. Für den Fall, dass der tierische Mitspieler versucht, den Gegenstand auf eurer Hand abzulegen und nicht auf dem Target, schiebt ihr die Hand unter das Target. Achtet darauf, wirklich immer erst den nächsten Schritt zu üben, wenn der Hund den vorherigen sicher verstanden hat. Markert und belohnt immer, wenn er den Gegenstand auf dem Target ablegt.

Vermeidet nach Möglichkeit das *Aus*-Signal, denn das bedeutet: Lass es los, und zwar sofort. Ihr möchtet aber für diesen Trick ein neues Signal einführen, auf das der Hund den Gegenstand erst an einem bestimmten Ort auslässt. Legt der Vierbeiner ohne Probleme den Gegenstand auf dem Podest ab, vergrößert ihr eure Entfernung zum Targetpunkt immer mehr.

Um den Schwierigkeitsgrad zu erhöhen, könnt ihr das Podest wegnehmen und den Targetpunkt auf ein anderes Objekt legen, das ihr zunächst an der gleichen Stelle positioniert, an der vorher das Podest gestanden hat. Wenn die Übung auf diese Weise zuverlässig klappt, verändert ihr immer wieder den Ablageort des Targetpunkts. Lasst euren Teampartner die Gegenstände auch ruhig an verschiedenen Positionen ablegen, zum Beispiel in unterschiedlicher Höhe. Damit das immer unauffälliger funktioniert, beginnt ihr damit, den Targetpunkt langsam zu minimieren, indem ihr ihn mit einer Schere nach und nach verkleinert.

Rollt zu Beginn alle paar Zentimeter ein Leckerchen in den Teppich ein.

Teppich ausrollen

Der Hund rollt einen Teppich aus. Ein sehr niedlicher Trick, vor allem, wenn der Hund sich anschließend auf den ausgerollten Teppich legt. Nehmt einen kleinen Läufer, den man gut ein- und ausrollen kann, und legt ihn ausgebreitet vor euch hin. Legt ein Leckerchen an die Kante einer kurzen Seite und schlagt den Teppich ein.

Alle drei bis vier Zentimeter legt ihr nun ein Leckerchen auf den Teppich, den ihr gleichzeitig aufrollt. Zum Schluss platziert ihr ein Leckerchen direkt so, dass der Hund beim Hervorholen des Leckerchens ein wenig an die Teppichrolle stößt. So rollt sich der Teppich ein wenig ab und das nächste Leckerchen wird sichtbar. Motiviert ihn immer weiter, nach den Snacks zu stöbern und so den Teppich weiter aufzurollen. Achtet darauf, dass der Hund richtig steht, sodass der Teppich sich auch bewegen kann.

Als Jackpot solltet ihr am Ende der Teppichrolle ein besonderes Leckerchen legen.

Übt mit dem Teppich voller Leckerchen einige Male. Das letzte Leckerchen beim Ausrollen sollte ein besonders Gutes sein. Ist euer Hund mit Feuereifer dabei und hat auch das Prinzip schnell verstanden, vergrößert ihr die Abstände zwischen den Futterbröckchen. Auf diese Weise muss er nun den Teppich immer etwas mehr ausrollen, um an den nächsten Snack zu kommen. Klappt auch das wieder sicher, reduziert ihr die Leckerchen, bis wirklich nur noch das letzte besondere Häppchen am Ende liegen bleibt.

Geht nun dazu über, den Hund, nachdem der Teppich ausgerollt ist, darauf ins *Platz* zu legen. Markert und belohnt auch hier wieder sofort mit einem Leckerchen. Es sind sicherlich einige Übungseinheiten nötig, bis sich der Hund von allein ablegt. Geduld lohnt sich, weil es den ganzen Trick noch runder erscheinen lässt.

Wasser zapfen

In der TV-Serie *Boomer – der Streuner* aus den 1980ern, gibt es eine Szene, in der der Hund eine Blechdose holt, vor eine große Tonne mit einem Wasserhahn stellt, den Hahn öffnet und Wasser in das Gefäß laufen lässt.

Im Campingfachhandel gibt es die unterschiedlichsten Wasserkanister. Manche haben einen Hebel, den man von der einen Seite zur anderen drehen muss, um den Wasserfluss zu öffnen. Auch viele Regentonnen haben eine Art Zapfverschluss, auf den man drücken muss. Stellt sicher, dass es ein leichtgängiger Hebel, Hahn oder eine gut funktionierende Pumpe ist, ihr solltet den Verschluss mit einem Finger öffnen können. Ganz gleich, welche Variante ihr zur Verfügung habt, stellt zunächst sicher, dass der Hund sich mit dem Behälter vertraut machen kann. Wichtig dabei ist, dass er auch das herauslaufende Wasser kennenlernt, selbst wenn ihr zunächst mit leerem Kanister üben wollt. Der muss einen festen Stand haben; haltet ihn zusätzlich gut fest. Ein voller großer Kanister hat zwar ein hohes Eigengewicht und der Hund wird ihn wahrscheinlich nicht mit der Schnauze umstoßen können, dennoch ist es praktischer, zunächst mit einem entleerten Kanister drinnen zu üben. Die Öffnungsvorrichtung sollte sich etwa in Nasenhöhe des Hundes befinden. Kennt euer Hund schon das Signal *Stups*, könnt ihr dies nutzen, um ihn mit der Nase gegen den Hebel drücken zu lassen. Kann er es noch nicht, markert und bestätigt ihr jeden Kontakt seiner Nase mit dem Bereich des Hebels. Haltet den Kanister etwas lockerer, damit ihr spürt, wann der Hund zu drücken beginnt. Das darf am Anfang noch ganz zaghaft sein, wichtig ist nur, dass ihr diese Ansätze gleich bestätigt.

Habt ihr einen Kanister mit Zapfverschluss, solltet ihr diesen so tief stellen, dass sich der Hahn etwa auf Kniehöhe eures Hundes befindet. Da der Hund seine Pfote einsetzen muss, um die Zapfvorrichtung in Gang zu setzen, müsst ihr jeden Pfoten-Hahn-Kontakt sofort bestätigen. Hat er bereits gelernt, Dinge auf Signal mit der Pfote zu berühren, könnt ihr das nutzen. Sonst haltet ihr zunächst eure Hand unter die Zapfvorrichtung und fordert ihn auf, euch die Pfote zu geben. Berührt er dabei den Hahn, markert und belohnt ihr ihn. Wiederholt die Übung einige Male. Schleicht dabei eure Hand langsam aus, indem ihr sie immer weiter zurücknehmt. Dadurch wird die Auflagefläche der Hand immer kleiner und der Hund kommt beim Versuch, die Pfote auf eurer Hand abzulegen, immer auf den Hahn. Drückt er ohne Hilfshand auf den Hahn, ist das einen Jackpot wert.

Nun gilt es, darauf zu achten, dass sich der Hebel immer weiterbewegt. Findet heraus, ab welcher Hebelstellung das Wasser anfängt zu laufen. Ist diese Marke erreicht, füllt ihr Flüssigkeit in den Kanister und übt an einem Ort weiter, der nass werden darf. Badezimmer eignen sich in den meisten Fällen nicht wirklich gut, da viele Hunde den Hall nicht mögen und eventuell auch schon unangenehme Erfahrungen mit dem Baden gemacht haben. Draußen im Garten ist eine gute Alternative. Betätigt zunächst selbst den Hahn, um den Hund noch mal mit dem laufenden Wasser vertraut zu machen. Wiederholt dann die Übungen, die er schon von drinnen kennt. Markert und bestätigt, wenn er mit Nase oder Pfote zu drücken beginnt, selbst wenn noch kein Wasser austritt. Unter Umständen geht der Hebel nun etwas schwerer, außerdem ist draußen zu üben ein neuer Trainingsschritt. Läuft tatsächlich das Rinnsal, belohnt euren Vierbeiner mit einem Jackpot. Betätigt er immer wieder bereitwillig den Hebel, könnt ihr ein neues Signal einführen, vielleicht *Durst*. Dann kann der tierische Helfer später auf die Frage: „Hast du *Durst*?", loslaufen und den Hahn öffnen. Es wirkt dann so, als könnte er jedes Wort verstehen. In Wirklichkeit habt ihr nur sehr unauffällig das Signal gegeben.

Ein Wasserspender mit Zapfhahn wird so platziert, dass Emma leicht mit der Pfote heran kann.

Foto © M. Zaitz

TRICKS FÜR KLEINE VORFÜHRUNGEN

Podesttraining

Ihr habt mehr als einen Vierbeiner und möchtet gern mit ihnen als Gruppe arbeiten? Das ist nicht so einfach. Das Training erfordert viel Konsequenz und kleine Schritte mit vielen Belohnungen. Wenn es funktioniert, macht es riesig Spaß. Man kann den Hunden feste Plätze durch Decken zuweisen, professioneller und showmäßiger sehen allerdings Podeste aus, wie wir sie wohl alle noch aus Kindertagen aus dem Zirkus kennen. Diese Podeste, auf denen Großkatzen saßen, sind allerdings sehr teuer, aber es gibt günstige Alternativen im Baumarkt. Mörteleimer, große schwarze Plastikeimer, die es in unterschiedlichen Größen gibt, sind prima dafür geeignet. Wahlweise beklebt oder mit einem schönen Stoff überzogen, könnt ihr sie individuell gestalten.

Beginnt mit einem Hund. Führt ihn an das Podest heran, lasst es ihn ausgiebig beschnuppern und untersuchen. Ermuntert ihn dann, auf das Podest zu springen. Markert und belohnt ihn sofort. Baut die Verweildauer aus, indem ihr kurz wartet, während euer Hund auf dem Podest sitzt, zunächst nur wenige Augenblicke, und belohnt ihn wieder. Dehnt die Abstände weiter aus. Markert und belohnt mit besonders guten Leckerchen. Der Vierbeiner soll das Auf-dem-Podest-Sitzen als ein echtes Privileg empfinden: erhöhter Platz, nichts Großartiges leisten müssen und trotzdem gute Leckerbissen abstauben. So aufgebaut lernen die meisten Vierbeiner bereits in kürzester Zeit das Podest sehr zu schätzen. Findet er das Podest also schon klasse und kann einige Minuten dort verweilen, steigert ihr langsam die Ablenkung: Lasst ihn auf dem Podest *Sitz* machen und wischt im gleichen Zimmer Staub. Am nächsten Tag wischt ihr etwas anderes, vielleicht den Boden, während er auf dem Podest sitzt. Wichtig ist, dass es weiterhin lohnenswert für ihn bleibt. Markert und belohnt ihn deshalb in unregelmäßigen Abständen.

Drei Hunde warten auf ihren Podesten, der vierte trickst. Mit etwas Übung ist das kinderleicht.

Klappt es ohne Probleme, nehmt ihr nun den zweiten Hund dazu. Der erste kommt auf das Podest und der zweite darf einen Trick machen, den er gut kann. Beide werden mit ihrem Marker gemarkert und belohnt, der erste für das Sitzenbleiben auf dem Podest, der zweite für den Trick. Dehnt auch hier wieder das Zeitfenster ganz langsam aus. Natürlich sollte der Zweithund das Podesttraining auch noch lernen, dazu besorgt ihr einen weiteren Mörteleimer und könnt jetzt schon mit beiden Hunden gleichzeitig üben. Während bei dem ersten die Dauer unter Ablenkung trainiert wird, kann der Zweithund das Podest, wie bereits beschrieben, kennenlernen.

Leckerchen balancieren und fangen

Es ist wohl einer der beliebtesten Tricks, der richtig was hermacht, wenn der Hund ein Leckerchen auf dem Nasenrücken balanciert, auf ein Zeichen hochschleudert und mit dem Maul fängt. Für den letzten Teil ist es wichtig, dass der Hund das Fangen von Leckerchen schon aus der Luft gelernt hat. Manche Hunde sind echte Naturtalente, andere tun sich etwas schwerer. Das solltet ihr also zunächst mit eurem Vierbeiner üben. Sorgt für gute Lichtverhältnisse, mittelgroße Leckerchen, und los geht's: Setzt euren Hund ab und werft ihm ein Leckerchen zu. Am besten ist ein bogenförmiger Wurf von oben. Seid ihr nicht so gut im Werfen? Dann solltet ihr es zunächst üben, denn euer Hund sollte sich nicht von euch „abgeworfen" fühlen. Ist er schon ein guter Fänger, werft mal etwas zu weit links, mal etwas zu weit rechts. Schafft er es trotzdem, das Leckerchen zu fangen? Wunderbar! Er wird den Trick wahrscheinlich recht schnell lernen können.

Zum Positionieren des Leckerchens auf der Nase empfehle ich euch flache, mittelgroße, industriell hergestellte Kekse. Diese haben immer die gleiche Größe und ein identisches Gewicht, sodass sie sich vom Hund leichter einschätzen lassen. Ihr solltet das Signal *Süß* mit eurem tierischen Kumpel bereits geübt haben. So könnt ihr sicher sein, dass er freiwillig und gern sein Kinn in eure ausgestreckte Hand legt. Aus dieser Position fällt es euch vergleichsweise leicht, den Keks auf die Hundenase zu legen. Falls euer Hund nun seinen Kopf immer wieder hebt, wenn ihr euch mit dem Keks nähert, könnt ihr auch vorsichtig den Daumen der Hand, auf der der Hund das *Süß* zeigt, oben auf die Schnauze legen. Bitte nicht den Hund fixieren, er soll Spaß an den Tricks haben, und den hat er nicht, wenn er gewaltsam in einer Position gehalten wird. Lest dazu doch noch einmal das Kapitel „Training mit Ablenkung"

Berührt zu Beginn nur kurz mit dem Leckerchen die Nase des Hundes. Markert während der Berührung und belohnt sofort mit dem Keks. Steigert langsam die Dauer des Berührens. Klappt es, könnt ihr den Keks kurz loslassen. Schafft euer Hund auch das, nehmt ihr beide Hände weg, sobald ihr den Keks aufgelegt habt, und schaut, was passiert. Viele Hunde versuchen das Leckerchen zu schnappen und schleudern es durch diese Bewegung unbeabsichtigt hoch. Das ist natürlich klasse. Denn in diesem Fall müsst ihr meist nur noch an der Positionierung des Leckerchens arbeiten, damit der Hund es auch fangen kann. Erfahrungsgemäß klappt es besonders gut an der Stelle, wo die Nase in den haarigen Teil der Schnauze übergeht. Aber das ist sehr individuell. Probiert es einfach aus.

Sollte euer Hund nur den Kopf senken, um das Leckerchen von der Nase rutschen zu lassen und es dann aufzusammeln, brauchen wir einen Plan B. Wiederholt die Übung, in der ihr ihm den Keks zuwerft. Fängt er zuverlässig, führt ihr ein passendes Signal dazu ein. Bei mir heißt das *Schnapp's*.

Erst danach fangt ihr erneut mit dem Leckerchen auf der Nase an und gebt, sobald es an der richtigen Position liegt, euer Signal für das Schnappen und macht eventuell die Wurfbewegung dazu.

Foto © M. Zaitz

Luke wartet gelassen, dass Frauchen ihm das Leckerchen auf die Nase legt.

Viele Hunde schleudern das Leckerchen hoch, um es dann zu schnappen.

Gerade zu Beginn ist es häufig so, dass der Hund den Keks zwar hochschleudert, ihn aber noch nicht sicher fangen kann. Das ist überhaupt kein Drama. Übt, indem ihr das Leckerchen auf unterschiedlichen Punkten der Nase platziert, und werft ihm Kekse aus verschiedenen Winkeln zu. Die Einschätzung der Flugbahn der Leckerchen und das Fangen muss der Hund erst erlernen.

Ihr könnt den Schwierigkeitsgrad erhöhen, indem der Vierbeiner den Keks erst einen Moment lang balancieren muss, bevor er ihn hochschleudert. Bedenkt aber, dass dieser Trick für den Hund wirklich höchste Selbstbeherrschung bedeutet. Übt in wirklich kleinen Schritten, damit ihr langsam, aber stetig vorankommt und euer Hundekumpel nicht den Spaß an dieser Übung verliert.

Gegenstände auf dem Po balancieren

Der Hund steht in der Vorderkörpertiefstellung und balanciert in dieser Position Gegenstände, die man auf seinem Po ablegt. Eine Voraussetzung für diesen Trick ist, dass er die *Spielaufforderung* bereits sicher beherrscht.

Fangt am besten mit einfachen, flachen Dingen an das Balancieren zu üben. Viele Vierbeiner stehen auf, weil sie sich nach dem Gegenstand umdrehen wollen, sobald man etwas auf ihren Po legen will. Das könnt ihr vermeiden, indem ihr euren Hund zuvor den Gegenstand eurer Wahl ausgiebig betrachten und beschnuppern lasst. Es kann auch helfen, ihn gleichzeitig zum Auflegen des Gegenstands zu füttern.

Bringt euren Hundekumpel in die Spielaufforderung, kniet oder hockt euch daneben und gebt ihm Leckerchen, während ihr mit einem Gegenstand vorsichtig kurz seinen Po berührt. Baut dies langsam aus, haltet den Gegenstand für ein bis zwei Sekunden fest und nehmt ihn wieder herunter. Wenn der Hund es schafft, den Gegenstand für einige Sekunden zu balancieren, könnt ihr zum nächsten Schritt übergehen und mit dem Aufbau von etwas Distanz beginnen.

Wenn ihr gut trainiert und euer Hund euch vertraut, könnt ihr einen tollen Trick herausarbeiten: Lasst ihn zum Beispiel einen Becher balancieren. Für den Einstieg eignen sich vor allem Becher mit recht breitem Boden, wie zum Beispiel eine Kindertasse. Klappt das, geht ihr einen Schritt weiter und gießt etwas Wasser in den Becher, während euer Hund ihn balanciert. Zu Beginn gießt ihr wirklich nur ein paar Tropfen ein, markert und belohnt euren Hund und nehmt den Becher herunter. Sollte er mit dem Markersignal die Übung auflösen, haltet ihr bitte vorher schon den Becher fest, damit sich die Flüssigkeit nicht über den Hund ergießt. Steigert die Wassermenge nach und nach. Für eine gute Show könnt ihr nach dem Eingießen aus dem Becher trinken oder bietet dem tierischen Partner das Wasser an. Für den Fall, dass euer Hund immer wieder im Moment des Eingießens aufsteht, nehmt eine zweite Person dazu, die ihn mit Leckerchen belohnt, während ihr die ersten Tropfen in den Becher gießt.

Foto © M. Zaitz

Henry kann gelassen in der Vorderkörpertiefstellung warten, bis Frauchen den Becher platziert hat.

Foto © M. Zaitz

Auch das Stapeln von Gegenständen ist für ihn kein Problem.

Skateboard fahren

Für diesen Trick benötigt ihr ein an die Größe eures Vierbeiners angepasstes Skateboard. Von Vorteil sind ältere Modelle, vielleicht vom Flohmarkt mit einem nicht allzu schnell laufenden Kugellager. Wichtig! Bevor ihr mit dem Training beginnt, blockiert bitte die Rollen des Skateboards, beispielsweise mit großen Steinen oder indem ihr ein kleines Kissen unterlegt.

So präpariert könnt ihr euren Hund mit einem Handtouch oder einem Leckerchen an das Skateboard heranführen. Haltet zum Beispiel einen Keks auf einer Höhe, die so gerade eben für den Hund nicht mehr erreichbar ist, die er aber schafft, wenn er sich auf das Skateboard stellt. Markert und belohnt sofort, wenn er eine Pfote auf das Board stellt. Das erste Etappenziel heißt: Beide Vorderpfoten auf dem Board. Schafft euer Hund das und geht nicht sofort wieder runter, könnt ihr die Blockierungen unter dem Board lösen. Hindert aber vorerst noch mit dem Fuß das Board am unvermittelten Losrollen. Mithilfe eures Fußes könnt ihr nun das Board kontrolliert fahren lassen, wenn euer Hund darauf steht. Schiebt einfach den Fuß Stück für Stück nach hinten und markert und belohnt euren Hund sofort, wenn sich das Board bewegt.

Achtet gut auf euren tierischen Freund. Denn manche Vierbeiner sind verunsichert, wenn sich plötzlich der Untergrund bewegt. Für die ersten Fahrübungen ist ein nicht allzu glatter Untergrund gut geeignet, zum Beispiel ein Teppich. Hier rollt das Skateboard nicht so schnell wie

Geht bei diesem Trick langsam vor und übt zunächst nur, dass euer Hund die Vorderpfoten auf das Skateboard stellt.

Agi ist der geborene Skater.

etwa auf einer geteerten Fläche und der Hund kann sich besser an die Bewegung gewöhnen. Fühlt er sich zunehmend sicher auf dem Board, könnt ihr eure Fußhilfe langsam abbauen. Bewegt euch auf Höhe der ersten Achse, um euren Teampartner während des Skateboardens bestätigen zu können. Viele Hunde setzen eine der Hinterpfoten mit aufs Board, wenn sie sich sicher genug fühlen. Das markert ihr und belohnt es hochwertig. Vier Pfoten auf dem Board sind leider nicht hilfreich, weil der Hund sich so nicht vorwärtsbewegen kann.

Eine Bitte: Wenn euer Hund sich unsicher auf dem Skateboard fühlt, geht in ganz kleinen Schritten vor oder sucht euch einen anderen coolen Trick aus.

Auf einem Ball balancieren

Mittlerweile gibt es bei fast jedem Discounter zweimal im Jahr große Gymnastiksitzbälle zu kaufen, meist in drei verschiedenen Größen und jeweils für unter zehn Euro. Diese Bälle sind hervorragend geeignet für diese fast schon zirkusreife Nummer. Wählt eine Größe, die eurem Hund angepasst ist, für kleinere Hunde den kleinen, für größere Hunde den großen Ball. Wenn ihr einen sehr schweren, eher schwerfälligen älteren oder einen noch nicht ausgewachsenen Hund habt oder er zu Trittunsicherheiten neigt, verzichtet bitte auf dieses Kunststück. Diese Übung erfordert einen hohen Grad an Gleichgewichtssinn, Mut und Vertrauen in euch.

Pumpt den Ball straff auf. Lasst den Hund dieses ungewöhnliche Ding ausreichend kennenlernen und beschnuppern. Rollt den Ball dabei ruhig leicht hin und her. Nun fixiert ihr den Ball. Dazu könnt ihr ihn fest zwischen die Beine klemmen oder ihr bittet eine zweite Person, den Ball gut festzuhalten. Er darf nicht verrutschen oder wegrollen.

Selbst wenn euer Vierbeiner auf Signal schon auf Gegenstände hinaufspringen kann, lasst ihn nicht gleich auf den Ball springen. Die besondere Form und die kleine ungerade Standfläche erfordern ein langsames Herantasten. Lockt den Hund mithilfe eines Leckerchens mit den Vorderbeinen auf den Ball. Gebt ihm in dieser aufrechten Position ruhig einige Leckerchen. Wenn er keinerlei Berührungsängste mit dem ungewohnten Gegenstand zeigt, stellt euch nah an den Ball, am besten geht dies, wenn ihr den Ball zusätzlich fixierend zwischen eure Beine klemmt. Nehmt den Hund an die Seite und ermuntert ihn, von dort aufzuspringen.

Wichtig ist, dass ihr euren Hundekumpel gut abfangt und unterstützt, ähnlich wie beim *Auf-den-Arm-Springen*. Mit dem einen Arm umfasst ihr seinen Brustkorb, mit dem anderen die Hinterhand. Gebt ihm die Möglichkeit, sich erst mal auf dem Ball zurechtzufinden. Möchte er hinunterspringen, lasst das bitte sofort zu. Hat er sich aber ausbalanciert, vergesst nicht zu markern und zu belohnen. Bis euer Hund sicher und ohne eure Hilfe auf dem Ball stehen kann, wird es eine Weile dauern. Gebt ihm diese Zeit, denn das

Gleichgewicht zu halten und sich auszubalancieren ist eine sehr schwere Übung für euren Teampartner. Oftmals fällt es kleinen agilen Hunden wesentlich leichter als etwas größeren Hunden. Habt ihr einen sehr talentierten Vierbeiner, könnt ihr eventuell nach einigem Training vorsichtig beginnen, den Ball leicht hin und her zu bewegen. Achtet darauf, dies auf einem weichen, ebenen Untergrund zu tun, am besten auf einer Wiese, um die Verletzungsgefahr zu verringern. Die Schwierigkeit beim Laufen auf einem Ball liegt darin, dass der Hund rückwärtslaufen muss, damit der Ball vorwärtsrollt. Unterschätzt die Schwierigkeit dieses Kunststückes nicht und geht ganz langsam vor.

Eine für manche Hunde etwas einfachere Variante ist es, wenn man anstelle des Balls eine Rolle

Jonny fühlt sich sicher auf dem Ball, der von Herrchen gehalten wird.

Eine tolle Alternative zum Ball ist das Balancieren auf einer Rolle.

zum Balancieren und Laufen nimmt. Für kleine Hunde kann man hier zum Beispiel ein Stück der Rolle eines Teppichkerns nehmen, für größere gibt es die Möglichkeit, Futtertonnen mit altem Teppich zu umkleben. Der Aufbau ist gleich und sollte ebenso langsam erfolgen.

Halte den Dieb!

Auch diesen Trick kennt ihr vielleicht aus dem Fernsehen: Ein Hund hält den flüchtenden Dieb am Hosenbein fest. Wichtig ist dabei, dass ihr bei diesem Trick immer eine alte Jeanshose anhaben solltet. Leinen- und dünne Baumwollhosen reißen sehr leicht bei Hundezähnen und selbst bei einer Jeans besteht diese Gefahr. Die Hose sollte nicht zu eng anliegen, damit der Hund sie gut fassen kann. Zeigt diesen Trick nie mit Hilfspersonen, die den Hund nicht kennen, nicht wissen, worum es geht, oder die an ihren Hosen hängen. Eure Absicht und die des Hundes könnte komplett falsch verstanden werden, und

Das erste Ziehen übt ihr am besten mit einem Tuch.

zu keinem Zeitpunkt sollte sich jemand tätlich von eurem Hund angegriffen fühlen. Nehmt ein altes Geschirrtuch aus festem Stoff und zergelt mit eurem Hundekumpel damit. Kennt er das Signal *Zieh* bereits, könnt ihr dies nutzen. Ziehen und Zergeln ist für manche Hunde ein Riesenspaß, achtet aus diesem Grund darauf, dass euer Teampartner auf das Signal *Aus* auch sofort auslässt. Kann er das noch nicht zuverlässig, übt das bitte zuerst. Ermuntert euren Hund, in das Geschirrtuch zu beißen und daran zu zerren. Klappt das und er lässt nach dem Marker sofort los, um die Belohnung zu nehmen, macht ihr es etwas schwerer und knotet das Geschirrtuch um euer Fußgelenk.

Knotet es so, dass ihr ein möglichst langes Ende habt, an dem der Hund ziehen kann. Reicht es ihm wie zuvor an und ermuntert ihn, zu zergeln und zu ziehen. Achtung: Achtet auf einen festen Stand oder setzt euch bitte hin. Es kann passieren, dass euer tierischer Freund nun etwas zögerlich sein wird; zum einen, weil er vielleicht schon als junger Hund gelernt hat, dass man an Menschen nicht herumzerrt, zum anderen, weil er vielleicht schlechte Erfahrungen gemacht hat oder sogar schon einmal getreten wurde. Beginnt wieder in kleinen Schritten und motiviert ihn. Nimmt er den Stoff ins Maul und zieht, markert und belohnt ihr sofort, auch wenn sein Ziehen erst etwas zögerlich war. Gelingt es immer besser, verkürzt ihr das Ende, sodass der Hund zum Ziehen an dem Tuch immer näher ans Bein heranmuss. Verkleinert das Tuch immer mehr und probiert aus, ob euer Hund ersatzweise die Hose fasst. Tut er dies, markert und belohnt ihr ihn sofort. Nehmt dann das Geschirrtuch ab und versucht, ob es auch ohne klappt. Ist das nicht der Fall, geht wieder einen Schritt zurück und versucht es noch mal, wenn ihr mit ihm eine Weile geübt habt. Im nächsten Schritt soll euer Hund nicht an eurem, sondern am

Bindet das Geschirrtuch um euer Fußgelenk.

Erst wenn der Trick sicher klappt, lasst ihr euren Vierbeiner mit einem Hosenbein üben.

Hosenbein eines Helfers ziehen. Dafür stellt ihr euch neben den Helfer, greift dessen Hosenbein und reicht es eurem Hund wie zuvor geübt. Ermuntert ihn, die Hose zu fassen. Wart ihr zuvor schon fleißig und habt bereits ein Signal für das Ziehen am Hosenbein eingeführt, könnt ihr dieses natürlich nutzen. Es kann aber durchaus sein, dass es für euren Hund zunächst einen großen Unterschied darstellt, ob er an eurem Hosenbein oder an einem anderen ziehen soll. Er muss das Signal zunächst generalisieren und deswegen ist es überhaupt kein Problem, erst wieder einen kleinen Schritt zurückzumachen und ihm dabei zu helfen. Markert und bestätigt ihn sofort, selbst für den kleinsten Ansatz. Bitte missbraucht solche Signale niemals, um jemandem Angst zu machen oder einen Schrecken einzujagen. Es ist nicht nur nicht lustig, sondern kann euren Hund in Gefahr und euch in ernste Schwierigkeiten bringen.

Boomer

Erinnert ihr euch noch an die Kinderserie „Boomer – der Steuer“ aus den 1980ern? Der niedliche Wuschelhund stemmte seine Pfoten auf ein Klettergerüst und steckte dann den Kopf zwischen den Pfoten durch. Das kann man mit jedem Hund üben, egal welcher Größe, und man braucht dazu auch kein Klettergerüst. Den gleichen Trick kann ein Vierbeiner auch an eurem Arm zeigen. Positioniert euch mit angewinkeltem rechtem Unterarm so, dass dieser sich zwischen euch und dem Hund befindet. Haltet den linken Arm dabei ausgestreckt etwas über Kopfhöhe eures Vierbeiners. Mit dem Handtouch oder einem Leckerchen in eurer linken Hand ermuntert ihr ihn, sich aufzurichten, um daranzukommen. Bietet ihm euren rechten Arm, um sich mit den Vorderpfoten abzustützen. Markert und belohnt ihn, während sich seine Pfoten noch an eurem Arm befinden. Gebt ruhig einige Belohnungen hintereinander, damit sich diese Position für ihn lohnt.

Der erste Schritt ist geschafft, wenn euer Hund schon einen Augenblick mit seinen Pfoten auf eurem Arm verharrt. Um die niedliche Boomer-Pose zu erreichen, soll er nun seine Nase zwischen die

Foto © M. Zaitz

Bietet eurem Hund den rechten Arm als Stütze für die Vorderpfoten an.

Foto © M. Zaitz

So niedlich schaut es aus, wenn der Hund den Boomer zeigt.

In der Ausgangsposition haltet ihr das Leckerchen hinter dem Rücken.

Jonny springt bei den ersten Durchgängen noch ganz vorsichtig hoch.

Vorderpfoten stecken. Das kann ein bisschen knifflig sein. Die besten Erfolge erzielt ihr, wenn ihr in diesem Fall Leckerchen einsetzt, die euer Hundekumpel nicht sofort abschlucken kann, sondern etwas kauen muss. Nehmt mehrere dieser Kekse in die Hand, bestätigt euren Hund mit einem davon für die Vorderpfoten auf dem Arm und bewegt eure Hand mit den Leckerchen dann sofort unter eurem Arm zwischen die Vorderpfoten eures Hundes. Reicht ihm dort den nächsten Keks an. Von Mal zu Mal könnt ihr euren Arm weiter nach unten positionieren, damit er seine Nase immer etwas tiefer unter euren Arm steckt. Beachtet, dass der Hund sich dabei sehr strecken muss. Geht deshalb bitte in kleinen Schritten vor. Belohnt schon kleine Ansätze, solange er noch beide Pfoten auf eurem Arm hat. Diese Übung könnt ihr alternativ an Stühlen, Ästen oder Holzzäunen trainieren.

Schubsen

Dieser lustige Trick ist manchmal in Filmkomödien und in lustigen Dogdance-Choreografien zu sehen. Der Hund schubst mit seinen Vorderpfoten einen sich bückenden Menschen um. Stellt euch mit dem

Selbst Frauchens erste „Fallversuche" irritieren Jonny nicht.

Foto © A. Mauerer

Rücken zu eurem Teampartner, der in die gleiche Richtung schaut wie ihr. Haltet dabei ein Leckerchen nach hinten und beugt euch ein wenig vor. Animiert ihn damit, an eurem Po hochzuspringen.

Versucht der Hund heranzukommen und setzt dabei eine Pfote an euren Allerwertesten, gebt ihr sofort das Leckerchen frei, markert und belohnt den Hund. Nach jedem Sprung beugt ihr euch etwas tiefer hinunter, bis ihr euch fallen lassen könnt.

Geht dazu über, nur noch so zu tun, als hättet ihr ein Leckerchen in der Hand. Springt euer Hund trotzdem hoch, markert und belohnt ihr mit einem ganz besonders guten Snack aus der anderen Hand. Sobald der Hund das Verhalten sicher zeigen kann, führt ihr ein Signal dazu ein. Achtet bei diesem Trick bitte sehr auf die Signalkontrolle.

Versucht beim Auf-den-Boden-fallen-Lassen wirklich langsam vorzugehen. Denn wenn ihr euch gleich beim ersten Mal theatralisch hinwerft, erschreckt ihr womöglich euren Hundekumpel.

Puppenwagen schieben

Dieser sehr niedliche Trick ist gar nicht so schwer zu erlernen und bietet zudem ein paar schöne Variationen. Beachtet bitte bei diesem Trick, dass die Haltung für den Hund sehr anstrengend ist und für ein nicht ausgewachsenes Tier ebenso wie für Vierbeiner mit Rücken- und Gelenkproblemen nicht geeignet ist. Ihr benötigt einen Puppenwagen, der möglichst stabil ist und über einen geraden, am besten höhenverstellbaren Schiebebügel verfügt. Geeignete Puppenwagen findet ihr auf dem Flohmarkt oder für ganz kleines Geld auch bei Online-Auktionshäusern. Es gibt sie auch in verschiedensten Größen, sodass ihr diesen Trick auch mit einem kleineren Hund zeigen könnt. Lehnt euch zunächst selbst mit ein wenig Gewicht auf den Schiebebügel und überprüft, wie standhaft der Wagen ist. Neigt er zum Kippen, beschwert ihr das Innere mit einem großen Stein oder zwei Tüten Vogelsand. Blockiert die Räder mit einem Kissen oder einem vergleichbaren Gegenstand. Auf diese Weise könnt ihr sicherstellen, dass er nicht von allein wegrollt oder verrutscht. Lasst euren Hundekumpel ausgiebig den neuen Gegenstand beschnuppern und belohnt den nahen

Kontakt ruhig schon mit Leckerchen. Er soll dieses für ihn ungewohnte Ding als eine besonders angenehme Erfahrung kennenlernen. Positioniert den Hund gerade hinter dem Schiebebügel und haltet ein Leckerchen außerhalb seiner Reichweite über den Bügel. So lockt ihr ihn auf die Hinterbeine. Richtet er sich auf, um an das Leckerchen zu kommen, und stützt sich dabei mit den Pfoten am Bügel ab, markert und belohnt ihn sofort. Bleibt der Hund so aufgerichtet stehen, füttert ihr gleich sehr viele Leckerchen, sodass die aufgerichtete Position am Schiebebügel eine für ihn besonders erstrebenswerte wird. Wiederholt diesen Ablauf mehrfach, bis der Hund freiwillig und gern seine Pfoten auf den Bügel stellt.

Achtung: Sagt bitte nicht *Hopp,* um ihn zum Aufrichten am Bügel zu animieren. Wenn er dieses Signal kennt, um mit allen vier Pfoten irgendwo hinaufzuspringen, ist das sehr missverständlich und kann zu Unfällen führen.

Bisher waren die Räder blockiert, nun muss euer Hundekumpel die Erfahrung machen, dass der Wagen sich auch bewegt. Hierzu sorgt ihr bitte für einen nicht allzu glatten Untergrund, beispielsweise Teppichboden oder eine Rasenfläche. Denn zu Anfang soll der Wagen sich nur sehr langsam fortbewegen. Zusätzlich sichert ihr ihn mit einer Hand gegen abruptes Vorrollen. Beginnt wieder ganz vorsichtig, lockt den Hund in die aufgerichtete Position mit den Vorderpfoten auf dem Schiebebügel. Sorgt für eine leichte kontrollierte Vorwärtsbewegung des Puppenwagens, markert und belohnt den Hund unmittelbar. Achtet gut auf euren tierischen Freund. Fühlt er sich unwohl, geht ihr einen Schritt zurück und belohnt ihn zunächst mit den Vorderpfoten am stehenden Puppenwagen.

Wenn der Hund in der Vorwärtsbewegung mit dem Wagen ist, markert und belohnt ihr. Klappt es, versucht ihr zwei bis drei Schritte zurückzulegen und belohnt ihn mit guten Leckerchen in der Bewegung. Steigert die Strecke langsam und verliert nicht aus den Augen, dass diese Haltung für den Hund sehr anstrengend ist. Übertreibt es nicht mit dem Üben, sondern arbeitet lieber in kleinen kurzen Einheiten.

Möchtet ihr diesen schönen Trick noch ein wenig ausbauen, ergeben sich dafür zahlreiche Möglichkeiten. Beispielsweise könntet ihr euren Hund eine alte Puppe in den Wagen legen lassen. Dafür erarbeitet ihr zunächst den Trick Aufräumen. Kann er diesen bereits, könnt ihr beginnen, ihn die Puppe in den Wagen legen zu lassen.

Hat euer Puppenwagen ein Verdeck? Großartig, so habt ihr weitere Möglichkeiten, beispielsweise euren Hund das Verdeck schließen zu lassen. Beginnt wieder in ganz kleinen Schritten. Ermuntert euren Mitspieler, mit der Schnauze das Verdeck des Puppenwagens zu berühren. Am besten geht dies, wenn der Hund gerade so dahintersteht, dass durch eine leichte Vorwärtsbewegung nach oben das Verdeck geschlossen werden kann. Berührt der Hund das Verdeck, markert und belohnt ihr sofort. Sollte er dabei so fest stupsen, dass sich das Verdeck ein Stückchen hebt, belohnt ihn mit einem Jackpot.

Dieser Trick ist mit allen Varianten schon sehr komplex. Erlaubt euch beiden als Team ein langsames, gründliches Lernen. Was ich hier so kurz beschreibe, erfordert Geduld, Zeit und Übung. Werdet bitte nicht ungeduldig und verliert vor allem nicht den Spaß.

Und noch ein kleiner Tipp: Wenn ihr keinen Puppenwagen habt, könntet ihr auch einen alten Kinderbuggy oder einen kleinen Einkaufswagen als Alternative nehmen. Der Aufbau des Tricks funktioniert ebenso. Auch andere fahrbare Geräte sind möglich, wie zum Beispiel große Kindertrecker und andere „Autos". Achtet nur darauf, dass sie keine scharfen Kanten haben und der Hund nirgendwo hängen bleiben oder sich verletzen kann.

Der Stein verhindert das Wegrollen des Puppenwagens, solange Toffee noch nicht sicher ist.

Ihr könnt diesen Trick variieren, indem ihr euren Hund eine Puppe hineinlegen lasst …

… oder das Verdeck hochklappen lasst.

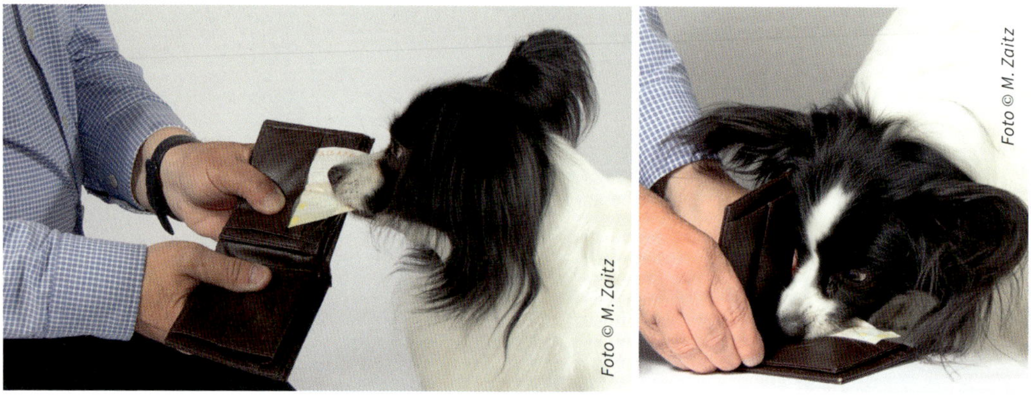

Jonny zieht bereitwillig den Schein aus der Geldbörse. Den nächsten Schwierigkeitsgrad, das Aufklappen der Börse, meistert er auch.

Zähne fletschen

Ob „Kommissar Rex, der Partner mit der kalten Schnauze“ oder „Lassie“ – Filmhunde können auf ein Signal drohen. Hierbei solltet ihr schon fit im Clickertraining sein und ein gutes Timing haben, denn eine punktgenaue Bestätigung ist sehr wichtig. Dieser Trick ist knifflig und ihr braucht ein gutes Auge, denn gerade zu Beginn sind es wirklich nur winzige Bewegungen der Mimik. In meinem Training habe ich die Erfahrung gemacht, dass es Hunderassen gibt, denen es aufgrund ihrer schmalen Schnauze leichter zu fallen scheint. Vielleicht sehen wir es bei ihnen aber auch einfach nur früher.

Versucht Folgendes: Nehmt ein großes festes Leckerchen und klemmt es zwischen Daumen und Zeigefinger. Haltet es dem Hund so vor die Nase, dass er es gut erreichen kann. Höchstwahrscheinlich wird er versuchen, es zwischen euren Fingern herauszuknabbern. Dabei ziehen die meisten Hunde ganz automatisch die Lefzen leicht zurück. Das ist der Punkt, den ihr herausarbeiten müsst. Markert und belohnt den Hund sofort mit dem Leckerchen, das ihr zwischen den Fingern habt. Übt dann mit einem neuen Leckerchen weiter. Häufig beginnen die Hunde schon die Lefzen hochzuziehen, wenn ihr euch mit dem Leckerchen der Schnauze nähert. Das markert und belohnt ihr dann. Damit seid ihr schon einen Riesenschritt weiter. Es kann und wird eine Weile dauern, bis es euer Vierbeiner schafft, das zu verknüpfen und es dann auch noch auf ein Signal zu zeigen. Die Mühe lohnt sich aber und man kann die Dauer des Drohens auch langsam steigern.

Es gibt Hunde, die zeigen dieses Zähnefletschen bei extremen Gerüchen wie Zigarettenrauch, Essig oder Reinigungsmittel. Andere zeigen ihre Zähne, wenn sie sich bedroht fühlen. Es ist allerdings keine Alternative, auf solche „Hilfen“ zurückzugreifen, das wäre unfair dem Hund gegenüber.

Geld stehlen

Es ist sicherlich einer der anspruchsvollsten Tricks in diesem Buch. Im fertigen Trick soll sich der Hund einem Rucksack nähern, den Reißverschluss der Fronttasche öffnen, ein Portemonnaie entnehmen, dieses öffnen und die Geldscheine herausziehen. Voraussetzung hierfür ist, dass ihr bereits das *Nimm*, *Zieh* und das Öffnen eines Reißverschlusses mit eurem Vierbeiner geübt habt. Denn für diesen besonderen Trick ist eine komplexe Handlungskette erforderlich. Darum teilen wir ihn in seine einzelnen Bestandteile auf. Zuerst legt ihr alle Hilfsmittel bereit, die ihr benötigt: eine alte Geldbörse, die leicht zu öffnen ist; einen Geldschein, am Anfang besser ein in passender Größe zurechtgeschnittenes Stück Papier; einen Rucksack oder eine Tasche mit Fronttasche, die genug Platz für die Geldbörse bietet; einen schweren Stein und alte Handtücher. Den Stein benötigt ihr, um den Rucksack zu beschweren und zu verhindern, dass der Hund beim Reißverschluss-Öffnen den ganzen Rucksack mitzieht. Die Handtücher werden zum Ausstopfen des Rucksacks verwendet, damit er ausreichenden Halt bietet. Schaut euch den Reißverschluss an. Gibt es nur den Metallzipper oder ist ein kleines „Bändchen" daran befestigt? Die reinen Metallzipper mögen Hunde nicht gern ins Maul nehmen. Erleichtert eurem Vierbeiner deshalb die Arbeit und knotet ein kleines Band daran, das er leichter fassen kann.

Wenn wir den Aufbau des Tricks betrachten, ist die letzte Handlung das Herausziehen des Geldscheins aus der Börse. Wie im Kapitel „Handlungsketten" beschrieben, ist der letzte Teil des Tricks der Part, mit dem wir beginnen. Haltet eurem Hund die geöffnete Geldbörse hin, der Schein guckt mit einem großen Zipfel weit heraus.

Lasst euren Hundekumpel mit dem Signal *Nimm* (das ihr zuvor aufgebaut habt) den Schein fassen und herauszuziehen. Jedes Fassen und Ziehen werden bestätigt. Klappt dies mit der in der Hand gehaltenen Börse gut, verändert ihr die Position der Börse von Mal zu Mal, bis sie auf dem Boden liegt. Der Schein guckt wieder weit heraus. Hat der zukünftige „Langfinger" das Prinzip bereits begriffen, wird er auch hier schnell den Schein hervorziehen. Achtet darauf, dass er sich nicht gleichzeitig auf das Portemonnaie stellt; Geldscheine sind nicht sonderlich stabil und reißen in Kombination mit Hundesabber schnell. Beginnt den Schein stückchenweise immer weiter in der Börse zu lassen und so den Schwierigkeitsgrad zu erhöhen. Auch zum Schluss darf immer gern noch eine Ecke zu sehen sein, um dem Hund die Arbeit zu erleichtern. Nach einigen Durchläufen kann er den Schein ganz herausziehen.

Nun beginnt ihr mit dem Schließen der Börse. Ist es eine einfache zum Auseinanderklappen, klappt ihr sie immer ein klein wenig weiter hinunter, und zwar immer so, dass euer Hund die Übung noch gut schaffen kann und zunächst nur ein wenig stupsen muss, um die Börse aufzuklappen und den Schein herausziehen zu können. Damit im Verlauf die Übung nicht zu schwer wird, kann es helfen, ein Taschentuch in das Münzfach zu knüllen, sodass auch bei geschlossenem Geldbeutel die Ecken weit genug auseinanderstehen und der Hund noch gut mit der Nase dazwischenkommt.

Schafft es euer Hund, die Börse auf diese Weise aufzuklappen, wartet ihr, bis er auch den Schein herausgezogen hat. Denn bei dieser Handlungskette belohnen wir nur den letzten Teil der Übung. Verändert die Position des Geldbeutels zum Hund, wenn das gut klappt, und übt mit ihm, diesen aus den unterschiedlichsten Winkeln zu öffnen.

Wenn diese beiden Bestandteile der Übung gut funktionieren, legt ihr den Geldbeutel auf den Boden. Klappt ihn der Hund auf und holt den Schein heraus, könnt ihr einen Schritt weitergehen und das Herausnehmen aus dem Rucksack üben. Hierfür lasst ihr die Tasche mit dem eingesteckten Geldbeutel weit offen. Das Fach, in dem die Börse später ganz verschwinden soll, wird zunächst mit Tüchern ausgestopft und das Portemonnaie sehr präsent obenauf gelegt. Die meisten Hunde haben schon fest verknüpft: In dem Geldbeutel ist der Schein, und wenn ich den Schein herausziehe, bekomme ich meine Belohnung. Lasst euren Vierbeiner also zunächst kurz überlegen und schaut, ob er allein darauf kommt, die Börse auf den Boden zu befördern und zu öffnen.

Schafft er es nicht, könnt ihr ihn ermuntern oder ein wenig helfen. Klappt es hingegen gut, ver-

Der perfekte Meisterdieb öffnet den Reißverschluss und zieht das Portemonnaie heraus.

Es sieht tatsächlich so aus, als putze sich Scully wie ein Waschbär.

senkt ihr von Mal zu Mal den Geldbeutel etwas mehr in eurer Tasche.

Schafft es euer Hundekumpel schon, das Portemonnaie aus der Tasche herauszuziehen, es zu öffnen und den Schein herauszuziehen, ist es Zeit für den nächsten Schritt: das Schließen des Reißverschlusses. Macht bitte den Reißverschluss komplett zu. Versucht man zu helfen, indem man nur den halben Reißverschluss schließt, probieren die Hunde häufig die Nase hineinzustecken und so diesen zu öffnen. Da Ihr das Öffnen eines Reißverschlusses ja aber bereits geübt habt, könnt Ihr es auch gleich richtig machen. Schließt also den Reißverschluss der Tasche, in dem sich die Geldbörse befindet. Ermuntert euren Hundekumpel, den Zipper ins Maul zu nehmen und daran zu ziehen. Achtet darauf, dass der Rucksack gut genug beschwert ist und nicht durch das Ziehen am Zipper durch den Raum gezogen wird. Öffnet der Hund den Reißverschluss, wartet ihr, bis er den Geldbeutel herausgenommen, geöffnet und das Geld herausgezogen hat. Markert, belohnt und freut euch, ihr habt gemeinsam einen wirklich schweren Trick erarbeitet.

Waschbär

Der Hund sitzt auf den Hinterpfoten und putzt sich mit den Vorderpfoten über die Schnauze. Das sieht – je nach Hund – tatsächlich ein bisschen aus wie ein Waschbär. Voraussetzung für diesen Trick ist allerdings, dass er bereits ein sicheres *Männchen* machen kann, das heißt stabil auf den Hinterpfoten sitzen kann. Zusätzlich müsst ihr zuvor das Signal *Schäm dich* erarbeitet haben. Das bedeutet, dass der Hund sich mit der Pfote über die Nase wischen kann.

Dies hat der Hund aus der normalen Sitz-Position bisher immer nur mit einer Pfote anbieten können. Im *Männchen* hat er beide Vorderpfoten oben und kann diese also auch einsetzen. Nicht alle Hunde werden dies gleich zu Beginn tun. Bringt euren Vierbeiner über das entsprechende Signal in die Position *Männchen*. Wiederholt das zwei- bis dreimal und gebt ihm dann, während er *Männchen* macht, das Signal *Schäm dich*. Setzt er sich daraufhin sofort wieder hin, um das bekannte Signal im Sitzen auszuführen, erarbeitet ihr noch einmal das *Schäm dich* mit einem Hilfsmittel, etwa einem Post-it oder einem Band. Beachtet bitte, dass euer Hund für diesen Trick durchtrainiert sein muss und seine Balance sehr gut halten können muss.

Pieseln

Ein lustiger Filmhundetrick: Der Hund hebt sein Bein an Gegenständen, als ob er sie anpinkeln würde, allerdings ohne tatsächlich zu markieren. Hilfreich für den Aufbau dieses Tricks ist die Arbeit mit dem Clicker, da das wirklich punktgenaue Bestätigen, sobald der Vierbeiner sein Hinterbein anhebt, von enormer Wichtigkeit ist. Hunde setzen ihr Bein meist sehr schnell wieder ab. Deshalb kann das Zeitfenster für ein Markerwort zu kurz sein. Am leichtesten geht es, wenn ihr ein niedriges Hindernis für euren Hund aufbaut, das kann zum Beispiel ein leicht aufgestellter Besenstiel sein. Führt ihn langsam (!) über das Hindernis und positioniert euch dabei leicht seitlich davon. Behaltet genau im Blick, wie euer Hundekumpel seine Hinterbeine darübersetzt. Manche Vierbeiner neigen dazu, mit einem Hüpfer hinüberzusetzen. In diesem Fall müsst ihr die Höhe eventuell nach unten variieren und langsamer vorgehen. Sucht euch ein Hinterbein aus, und jedes Mal, wenn es der Hund anhebt, clickt und belohnt ihr. Achtet darauf, euch zu Beginn nur ein Bein vorzunehmen, und konzentriert euch darauf. Für Hunde ist das eine schwere Übung, und es dauert eine Weile, bis er versteht, dass es um die Hinterpfote geht. Beginnt er, das Bein langsamer zu setzen oder länger in der Luft zu halten, markert das und belohnt es mit einem Jackpot. Im nächsten Schritt schleicht ihr das Hindernis langsam aus. Variiert dessen Höhe immer weiter nach unten und führt euren Hundekumpel immer weiter am Rand darüber. Klappt es auch, wenn das Hindernis am Boden liegt, beginnt ihr mit der Einführung eines neuen Signals. Eine andere Möglichkeit wäre, ihn rückwärts auf ein erhöhtes Target zu schicken. Hunde setzen beim Rückwärtslaufen ihre Hinterpfoten deutlich bewusster. Auf diese Weise verknüpfen sie manchmal etwas schneller, was gemeint ist. Allerdings muss euer Hund das Rückwärtslaufen schon sicher beherrschen und ihr benötigt ein Target, das ihr etwas erhöhen könnt, ohne dass es verrutscht. Ein Stepper eignet sich dafür sehr gut oder eine faltbare Turnmatte.

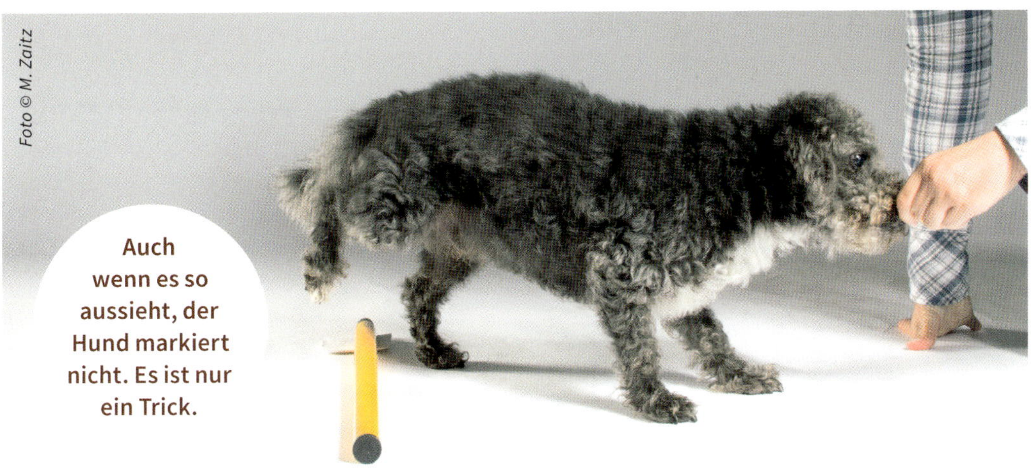

Foto © M. Zaitz

Auch wenn es so aussieht, der Hund markiert nicht. Es ist nur ein Trick.

Foto © M. Zaitz

ZU GUTER LETZT

Meiner kann das nicht!

Ganz häufig höre ich so etwas wie: „Mein Hund ist nicht so schlau wie andere, nicht die richtige Rasse und überhaupt ..." Bitte, bitte, blockiert euch nicht mit falschen Glaubenssätzen. Unterschätzt bitte euren Hund nicht. Fangt mit kleinen, leichten Tricks an, bei denen euer Hund eine realistische Chance auf eine Belohnung und ein Erfolgserlebnis hat. Seid begeistert darüber, denn das wird sich auf euren Hund übertragen. Wählt eure Ziele in kleinen Schritten und versucht nicht zu viel auf einmal.

Vielleicht benötigt euer Hund auch einfach nur einen anderen Weg. Die in diesem Buch vorgestellten Varianten sind selbstverständlich nicht die einzig verbindlichen. Genau wie in der Hundeerziehung gibt es viele Wege, die zum Erfolg führen können. Nicht jede Methode oder jeder Weg ist pauschal für jeden Hund geeignet. Wenn ihr also eurem Hund einen Trick auf einem anderen Weg beigebracht habt oder ihr habt einen anderen Ansatz, den euer Hund versteht, ist das wunderbar. Findet den richtigen Weg für euch beide. Das einzige Kriterium, das immer gelten sollte, ist, dass der Hund nicht über Zwang und Einschüchterung lernen sollte.

Foto © M. Zaitz

Clickertraining erleichtert vielen Hunden das Lernen.

Der letzte Schliff

Hunde generalisieren leider nicht so gut. Wenn ihr immer zu den gleichen Bedingungen übt, wie gleiche Tageszeit und gleicher Ort, fällt es eurem Hund schwer, die gleiche Leistung, wie ein schon erlerntes Kunststück, in einer anderen Umgebung zu zeigen. Sobald ihr also etwas Neues eingeübt habt und das daheim gut klappt, variiert ihr es. Übt zuerst an vielen verschiedenen Orten ohne Ablenkung. Mit dem nächsten Schritt könntet ihr zum Beispiel an einer belebten Straße ein *Schäm dich* oder ein *High Five* einbauen, oder ihr versucht es einmal, während die Familie beim Essen sitzt. Lest euch dazu doch noch mal das Kapitel „Training mit Ablenkung" durch. Hat euer Hund damit keinerlei Probleme, könnt ihr vielleicht sogar einen Schritt weiter gehen …

Was mach ich nun mit all diesen Tricks?

Wenn euer Hund nun einige Tricks beherrscht, möchtet ihr sie sicherlich auch gerne mal zeigen. Sucht euch für die erste „Vorführung" ein dankbares Publikum. Kinder sind schnell zu begeistern und auch sehr tolerant, wenn es mal nicht gleich auf Anhieb klappt.

Wenn euch das Trickfieber so richtig gepackt hat und auch euer Hund auf den Geschmack gekommen ist, könnet ihr das ein oder andere Kunststück auch mal in der Öffentlichkeit zum Besten zu geben. Bietet eurem örtlichen Tierheim an, das Programm für ihr Sommerfest zu bereichern. Auch gibt es immer wieder Castings, auf denen man sich mit anderen Hundehaltern und deren Hunden messen kann. Das kann eine lustige Abwechslung sein und richtig Spaß machen. Zusätzlich wird man so immer wieder auf neue Ideen gebracht und kann von den anderen lernen. Bitte achtet aber gut auf euren Hund. Ist er überfordert in solchen Situationen, entscheidet ihr immer zum Wohl eures Hundes. Tricks sind eine lustige Sache, darum sollten alle Beteiligten auch Spaß daran haben. Wenn euer Hund die Tricks zwar beherrscht, sich aber vor Publikum unwohl fühlt, seid kreativ: Schreibt alle Tricks auf, die euer Hund kann, und überlegt, wie ihr diese in eine kleine Geschichte verpacken könnt. Gestaltet ein Drehbuch und filmt das Ganze mit eurer Digitalkamera oder eurem Smartphone. Der Fantasie sind dabei keine Grenzen gesetzt.

Zu viel Unsinn?

Dem ein oder anderen mag sich die Frage stellen, warum man einem Hund „so etwas" beibringen sollte. Nun, kein Hund – bis auf ganz wenige Film- oder Zirkushundeausnahmen – muss auf einem Ball laufen, Geld stehlen oder Diebe festhalten können. Hier ist tatsächlich der Weg das Ziel: Völlig egal, wie unsinnig der Trick für manche scheinen mag, hier beschäftigt sich ein Mensch mit seinem Partner, seinem besten Freund. Der Mensch macht sich Gedanken über den Trick, lernt, die Aufgabe in kleine Stücke zu zerlegen, überlegt, wie man eine Handlungskette richtig aufbaut. Und da dies alles ja „nicht wichtig" ist, geht der Mensch ganz gelöst und entspannt, meist sogar mit sehr viel Spaß an die Sache heran. Dem Hund ist die gestellte Aufgabe prinzipiell egal, Hauptsache Belohnung, Umfeld und Stimmung sind gut. Darum lernen Hunde so gern Tricks, denn oftmals sind die Halter wesentlich gelöster, wenn es um scheinbar unwichtige Dinge geht. Das Verhältnis und die Bindung zwischen Mensch und Hund kann von diesem entspannten Lernen deutlich positiv beeinflusst werden. Die gelassene Grundstimmung und das Erfolgserlebnis wirklich zusammen zu arbeiten, überträgt sich oft auch auf das Lernen von anderen Dingen, beispielsweise bei Übungen aus dem Obedience. Nutzt diese positive Entwicklung.

Und macht euch keine Sorgen: Obwohl meine Hunde Licht einschalten können, bin ich noch nie nachts wach geworden, weil alle Lampen im Haus brannten. Auch räumen meine Hunde im Park nicht unaufgefordert herumliegenden Müll in die Eimer. Sie wissen sehr wohl die Wahrscheinlichkeit auf eine Belohnung zu berechnen und handeln danach. Darum solltet ihr gut auf eure Signalkontrolle achten. Sonst könntet ihr unter Umständen tatsächlich in die Verlegenheit kommen, eurem Nachbarn zu erklären, warum euer Hund an seinem Hosenbein hängt.

Eine entspannte Atmosphäre wirkt sich positiv auf das Lernergebnis aus.

Wie lange dauert es, bis ein Trick sitzt?

Ganz häufig wird mir die Frage gestellt, ab wann so ein Trick denn sitzt. Leider sind verbindliche Aussagen dazu nicht möglich. Jeder Hund hat andere Talente. Während es dem einen leichtfällt, mit der Pfote zu arbeiten, ist allein das Berühren von Gegenständen mit der Pfote für einen anderen Hund eine ganz schwierige Sache. Hier also Empfehlungen zu geben, wie lange es dauert, bis der Trick sitzt, ist objektiv nicht möglich.

Wichtig ist, dass ihr immer in kleinen überschaubaren Einheiten mit eurem Hund arbeitet. Wählt die Schritte so klein, dass er immer eine Chance auf Erfolg und Belohnung hat. Übt nicht länger als drei bis fünf Minuten am Stück. Das ist für die meisten Tricks ausreichend und auch eine Zeitspanne, über die hinweg sich ein Hund gut konzentrieren kann. Wenn ihr die Möglichkeit habt, übt in mehreren kleinen Einheiten über den Tag verteilt.

Manchmal geht es ganz schnell und der Hund kann den Trick schon nach wenigen Übungseinheiten, ein anderes Mal braucht man etwas länger. So lange ihr und euer Hund Spaß beim Training habt, lasst euch vom Faktor Zeit bitte nicht beeinflussen.

Wählt euch immer nur einen Trick aus, den ihr erarbeiten möchtet, oder aber Tricks, die sehr verschieden voneinander sind. Übt also nicht morgens *Pfötchengeben* und nachmittags *Winken*. Dieses sind sehr ähnliche Tricks, einmal wird euer Hund dafür belohnt, wenn die Pfote eure Hand berührt, und ein anderes Mal, wenn sie in die Luft schlägt. So ähnliche Tricks zeitgleich zu üben ist kontraproduktiv, da für euren Hund nicht klar ersichtlich ist, warum mal so und mal so bestätigt wird. Übt lieber zwei verschiedene Dinge, wie *Winken* und *Rolle*. Habt ihr das *Pfötchengeben* erst mal mit einem Signal etabliert, könnt ihr selbstverständlich auch mit dem *Winken* anfangen.

Solltet ihr mit einem Trick einmal gar nicht weiterkommen, empfiehlt es sich, mal für ein paar Wochen damit zu pausieren. Übt zwischenzeitlich andere Dinge und versucht es später erneut. Manchmal klappt es dann wie von Zauberhand, weil ihr es lockerer angeht. Manchmal allerdings will es auch dann nicht funktionieren. Sucht euch in diesem Fall einfach einen anderen Trick aus, der euch beiden Spaß macht. Nicht jeder Hund kann und muss jeden Trick lernen.

Habt Geduld! Wenn es nicht gleich klappt, macht ein paar Tage Pause und probiert es erneut oder mit einem anderen Trick.

Castings, Turniere und andere Auftritte

Euer Hund hat nun schon viele Tricks gelernt und die Familie kann euer Programm rückwärts im Schlaf mitsprechen? Jetzt könnte die Zeit reif sein, vor Publikum zu stehen. Aber ganz gleich, wie reif ihr euch dafür fühlt, schaut auf euren Hund. Steht er wirklich gern im Rampenlicht oder machen ihm viele Leute, Applaus und vor Vergnügen kreischende Kinder Angst? Egal, wie viel Spaß dabei zu haben, euch zu produzieren – hat euer Hund nicht den gleichen Spaß wie ihr, verzichtet bitte darauf.

Es gibt aber auch unter Hunden echte „Rampensäue". In solchen Fällen bleibt nur noch die Frage, wo ihr euer Können zeigen könntet. Seit einiger Zeit gibt es sogar Turniere, die im Bereich Trickdogging ausgerichtet werden. Eine Entwicklung, die ich sehr zwiegespalten sehe. Vor allem dann, wenn ein Bloodhound dieselben Tricks wie ein Border Collie zeigen soll. Das wäre so, als vergleiche man Äpfel mit Birnen. Abgesehen davon, halte ich die Leistung des Bloodhounds im Allgemeinen für deutlich höher, da die Möglichkeiten, Tricks zu erarbeiten, einfach andere sind. Achtet deshalb bitte darauf, dass es keine Pflichttricks gibt, die zum Beispiel in der Welpenklasse Elemente enthalten, die deutlich zulasten eines jungen Hundes gehen.

Ich bitte euch wirklich eindringlich, gut darauf zu achten, was ihr mit eurem Hund macht. Werden Dinge von euch verlangt, die bei objektiver Betrachtung mit gesundem Menschenverstand unsinnig auf euch wirken, pfeift eurem Teampartner zuliebe auf Pokale, „Ruhm und Ehre".

Gut gefallen haben mir früher immer die Castings der Trickdogs, oft zu sehen auf Messen in ganz Deutschland. Eine kompetente Jury beurteilt die Hunde und vor allem die Menschen, die mit dem Hund arbeiten. Geht der Mensch nicht positiv und freundlich mit dem Hund um, ist das Team schneller von der Bühne, als man schauen kann. Selbst wenn etwas nicht optimal verläuft, man aber den Spaß bei Mensch und Hund sieht, gibt es immer ein großes Lob.

Manchmal gibt es in Tagezeitungen oder in Hundezeitschriften auch Anzeigen von Werbe- oder Filmagenturen, die auf der Suche nach niedlichen Hundemodellen sind. Es mögen seriöse Anzeigen darunter sein, aber meldet ihr euch auf eine solche Anzeige und werdet zum Casting eingeladen, solltet

Foto © A. Maurer

„Kein Kommentar!" An manchen Tagen mag selbst der größte Showhund keine Interviews geben und verweigert die Mitarbeit.

ihr immer mit offenen Augen und Ohren dorthin fahren. Meist wird schon gleich am Telefon versichert, dass die Teilnahme absolut kostenfrei sei. Seid ihr dann mit eurem Hund vor Ort, achtet darauf, was man euch erzählt, und lest sehr genau durch, was ihr gegebenenfalls unterschreiben müsst. Wird tatsächlich ein Hund für Werbung und Film gesucht, liegt das absolute Hauptaugenmerk darauf, was der Hund kann und ob er all das auch auf Distanz ausführen kann. Der schönste Hund der Welt nutzt der Werbung nichts, wenn ihr als Halter mit im Bild stehen müsst, damit der Hund das tut, was von ihm gewünscht wird. Spielt man das herunter, dann ist das sicherlich nicht die richtige Agentur. Oft kommt dann gegen Ende des Gesprächs – nachdem man schon eingelullt ist von den vielen Komplimenten über den eigenen Hund – kurz das Gespräch auf die Kostennote. Selbstverständlich ist die Aufnahme in die Kartei kostenlos, lediglich der Websitebetreuer nimmt für die Einpflege der Daten und der Fotos einen kleinen Betrag, so circa 100 Euro. Das ist spätestens der Augenblick, in dem ihr bitte aufsteht, euch für das freundliche Gespräch bedankt und um eine Erfahrung reicher nach Hause geht. Nehmt es als interessante Anekdote, die ihr daheim erzählen könnt. Mittlerweile, wurde mir berichtet, werden die Kosten auch schon günstiger. Sagt euch bitte nicht: „Ach, sind doch nur zehn Euro, was soll's? Wenn es nichts wird, macht es nichts." Darauf wird spekuliert. Nehmt die zehn Euro und tragt sie ins örtliche Tierheim. Auf diese Weise habt ihr sie zwar auch aus dem Portemonnaie, aber dafür habt ihr damit die Richtigen glücklich gemacht. Jede seriöse Agentur wird euren Hund absolut kostenlos aufnehmen. Sie sind nämlich darauf angewiesen, wenn Kunden bestimmte Hunde suchen, eine Auswahl anbieten zu können. Wenn euer Hund besonders viel kann, gibt es auch eine Chance, dass er entsprechend gefragt ist.

Bei allem, was euch aber vorschweben mag, bedenkt: Am wahrscheinlichsten ist, dass euer Hund vielleicht nie vor der Kamera arbeitet. Manche werden für Katalogaufnahmen gebucht werden, einige Wenige für kleine Fernsehrollen oder Werbefilme, aber kaum ein Hund wird „Lassie". Gott sei Dank!

Manche Hunde sind wahre Clowns. Erkennt die Talente eures Hundes.

Solltet ihr ein Angebot bekommen, achtet bitte gut darauf, was ihr unterschreibt. Im Normalfall kann niemand dafür garantieren, dass es vor der Kamera auch klappt, selbst wenn es vorher zu Hause im Wohnzimmer leicht abrufbar war. Ein professioneller Tiertrainer mit der erforderlichen behördlichen Erlaubnis, die über die normale Hundetrainererlaubnis hinausgeht, sollte euch bei jedem Set zur Seite stehen und euch unterstützen. Bekommt ihr für eure Tätigkeit Geld – Achtung, damit wird man nicht reich –, beachtet bitte, dass ihr dieses Einkommen versteuern müsst. Zudem muss euer Hund am Set versichert sein und ihr benötigt eine Genehmigung für die Filmarbeit. Vielfach wird ganz lapidar drüber hinweggegangen, weil noch nie etwas passiert ist, aber wenn etwas schiefgeht und der Hund etwas beschädigt oder gar jemanden verletzt (auch wenn jemand über den Hund fällt, kann das schlecht ausgehen), wird die normale Hundehaftpflicht sich da auf einen Ausgleich nur im unwahrscheinlichen Fall einlassen.

Zu guter Letzt die eindringlichste Warnung: Fernsehmenschen sind meist sehr nette Menschen, aber sie sind keine Hundetrainer und sie arbeiten oft mit einem engen Zeitplan, jeder Drehtag kostet Geld. Sie möchten gern in möglichst kurzer Zeit möglichst effektiv drehen, was sehr nachvollziehbar ist. Aber Hunde brauchen Pausen und können eben nicht mit Druck gearbeitet werden. Stress am Set darf sich nicht auf euch auswirken, denn sonst leiden der Hund und eure gemeinsame Arbeit darunter.

Dreht lieber einfach euren eigenen Film. Eigene oder Nachbarskinder sind meist von solchen Projekten schnell zu begeistern und über die einschlägigen Videoplattformen im Internet erreicht ihr eine große Zuschauermenge.

Oder, was vielleicht noch besser ist, erfreut euch nur daran, was euer Hund kann, und geht eine Runde mit ihm.

Wichtiger Hinweis

Wie könnte es anders sein: Auch das Trickdogging hat Kritiker. Konditionierungswahn ist das Stichwort: Warum müssen Hunde Zirkustricks lernen und dürfen nicht einfach Hunde sein?

Dazu möchte ich gern ein paar Worte sagen, denn dies ist ein wichtiger Punkt, der auch mir sehr am Herzen liegt. Unsere Hunde teilen unser Leben. Mit der Entscheidung, einen Hund in unser Leben aufzunehmen, müssen wir einer großen Verantwortung für ein lebendiges Wesen nachkommen. Es ist unsere Aufgabe, über Futter und Wasser hinausgehend für den Hund zu sorgen. Nur weil er körperlich versorgt wird, ist er noch lange nicht ausgelastet. Aber auch das gehört meiner Meinung dazu, einem anvertrauten Lebewesen gerecht zu werden.

Es ist toll, wenn der Hund seinen Anlagen entsprechend gefördert wird, aber wenn man sich umschaut: Wie viele Hütehunde hüten regelmäßig Schafe? Wie viele Jagdhunde werden jagdlich geführt? Wie viele Hunde werden ihren Anlagen entsprechend gefordert? In den allermeisten Fällen fehlen die Möglichkeiten dazu. Und wenn es nun sicherlich eine vernünftige Frage ist, warum teilweise hoch spezialisierte Rassen als Familienhunde gehalten werden, so ist die Diskussion darüber doch müßig. Ich persönlich freue mich über jeden Hundehalter, der erkannt hat, dass ein Hund mehr als Futter, Wasser und dreimal am Tag um den Block benötigt.

Beim Trickdogging geht es um das gemeinsame Erarbeiten. Der Mensch macht sich Gedanken, wie der Trick umzusetzen ist, zerlegt das Ganze in kleine überschaubare Einheiten und vermittelt dem Hund mittels positiver Bestärkung den Trick. Auch Hunde mit Handicap sind hier nicht ausgeschlossen. Für jeden Hund findet man geeignete Tricks. Teamarbeit ist gefragt und nur so sind gute Ergebnisse zu erreichen.

Tricks sind toll und eine schöne Beschäftigung für Mensch und Hund. Bei aller Trickserei darf man allerdings nicht den Hund aus dem Auge verlieren. Mutet eurem Hund nicht zu viel zu, übt nicht zu viel und vor allem nicht zu lang. Zweimal fünf Minuten am Tag sind völlig ausreichend, um einen Hund geistig zu beschäftigen, und Tricks lassen sich auch mit diesem, vielleicht klein erscheinenden Pensum erarbeiten.

Über mich

Mein Name ist Manuela Zaitz, ich bin 1971 geboren und lebe mit meinen zwei Hunden Morris und Mate in Moers am Niederrhein.

Ich habe schon immer gern mit Menschen gearbeitet, habe Hotelfach gelernt und als Ass. Head Concierge in einem Fünfsternehotel gearbeitet. Dann hat das Leben mich woanders hingeleitet und ich war 18 Jahre lang medizinische Fachangestellte in einer pädiatrischen Praxis.

Aufgrund meiner damaligen Hündin Benda bin ich ins Hundetraining hineingerutscht. Ich wollte immer mehr über Hunde und ihr Lernverhalten wissen. So begann ich 2007 ein Fernstudium bei der ATN in Tierpsychologie mit Schwerpunkt

Hund. Obwohl ich zwei Jahre wirklich Freude an der Durcharbeitung der Skripte hatte, habe ich an der Abschlussprüfung nicht teilgenommen. Es konnte ja niemand wissen, dass dies Jahre später, als 2014 die Erlaubnispflicht für Hundetrainer kam, ein Nice-to-Have gewesen wäre. Nun denn, das Wissen von dort und unzähligen anderen Seminaren und Fortbildungen konnte mir keiner nehmen, sodass ich natürlich die erforderliche §-11-Erlaubnis nach bestandener Prüfung bekam. Zusätzlich besitze ich die Erlaubnis nach § 11 zur Zurschaustellung, die man für die Filmhundearbeit und Shows benötigt. Seit 2006 habe ich eine eigene Hundeschule, zunächst nur nebenberuflich, seit 2012 dann hauptberuflich. Im Verlauf der Jahre hat sich mein Betätigungsfeld erweitert.

Während ich zu Beginn nur Trickdogging, Discdogging, Clickertraining und Beschäftigung angeboten habe, berate ich nun auch Menschen, die einen Hund mit Verhaltensproblemen haben. Mir ist ein wertschätzender Umgang mit Mensch und Hund wichtig. Ich möchte, dass Menschen lernen, positiv mit ihrem Hund zu arbeiten, und ich möchte vermitteln, wie viel Spaß das macht, auch wenn der Hund ein Problem hat. Mit wachsendem Wissen veränderte sich mein Training, und 2012 gründete ich zusammen mit Kollegen die Trainerinitiative „Trainieren statt dominieren". Wir haben hohe Anforderungen an unsere Trainer.

Gewaltfreiheit bezieht sich hier auf den physischen und psychischen Bereich. Im Lauf der Jahre habe ich mehrere Bücher geschrieben. Die ersten beiden waren die *Trickschule für Hunde* und *Neues aus der Trickschule*, deren zusammengefasste und überarbeitete Ausgabe ihr nun in den Händen haltet. Ich bin sehr froh, diese Bücher überarbeitet zu haben, da meine Sprache und viele Trainingswege sich verändert haben.

Zudem schreibe ich für unterschiedliche Hundemagazine Artikel und finde es wunderbar, Menschen so auf ihrem spannenden Weg mit Hund begleiten zu können. Für das Fernsehen durfte ich an unterschiedlichen Beiträgen mitwirken, und es ist mir immer wieder eine große Freude, dort gewaltfreies Training zu präsentieren. Wir brauchen mehr davon, damit man sehen kann: Auch an Problemverhalten können wir mit Erfolg gewaltfrei arbeiten.

Nach wie vor liebe ich Fortbildungen und den Austausch mit den geschätzten Kollegen. Sosehr ich Menschen und das Training mit ihnen liebe – gibt es etwas Schöneres, als mit seinem Hund auf einer Wiese zu sitzen und den Tag zu genießen? Ich bin dankbar für meine grandiosen vierbeinigen Begleiter in meinem Leben und versuche stets, ihnen ein würdiger bester Freund zu sein. Habt Spaß mit euren Hunden und genießt die Beschäftigung mit ihnen in vollen Zügen!

Alles Liebe,
eure

Manuela Zaitz

Danke

Ich liebe Danksagungen! Trotzdem verspreche ich, mich kurz zu fassen: Allen voran danke ich meinen wunderbaren Hunden Morris und Mate, die tatsächlich immer Lust haben, jeden Unsinn und jeden Trick mit mir auszuprobieren.

Ich danke meinem Verlag für die Möglichkeit, noch einmal alle Tricks um neues Wissen zu ergänzen, und vor allem Madeleine Franck für ihre großartige Unterstützung.

Zahlreiche liebe Menschen und ihre Hunde haben mich bei den Fotos zu den Tricks unterstützt und ich möchte von Herzen Danke sagen an Sabrina und Andreas Reetz mit Cooper, Liz und Nevie, die von Seminarteilnehmern zu guten Freunden geworden sind und mich schon so lange begleiten. Danke an Petra Meck und Bantje, das „Mädchen in Gummistiefeln“; Jennifer und Maze, die noch so jung und trotzdem so eine Trickserin ist; Ursula Palme und Kira, die das ganz bezaubernd gemacht hat; Selma Fischer-Ulzun mit Luke und Muffin, mit euch ist nicht nur jedes Fotoshooting saulustig; Petra und der bezaubernde „Sir“ Henry; Hanna und Urmel, ihr habt gerockt; Antje Schröder mit meinen Lieblings-Cattle-Dogs Agathe und Chilly; Sylke Middendorf und der wunderschöne, feingliedrige Dr. Pepper, Iris und Happy, bei der ihr Name auch Programm ist; Melanie Baumanns mit der vorsichtigen Bluna, die sich schon so viel traut; Nina Rieck mit Filou und Oskar, die beiden Kleinen mit dem großen Repertoire; Rebecca Salterberg und die schwungvolle Abby, keiner hat so schöne Denkfalten wie sie; Stephan Besel und Kalle, der immer (!) die Ruhe bewahrt; Claudia Czerlitzka mit der schnellen Boony und der zarten Toffee; Dieter Walbrodt mit dem immer fröhlichen Jonny; Heike Rhein mit der kleinen schnellen Emma; Jennifer Tiemann und die bezaubernde kleine Coco: Ihr alle wart einfach wunderbar und ich hätte es ohne euch nicht schaffen können.

Danke an Andreas Maurer, auch von ihm sind noch einige Bilder in diesem Buch. Danke an die damaligen Fotomodelle: Iris Spörl mit Milly, Julia Niessen und Kung Fu, Claudia Neumann mit Tom-Tom, Ben und Pepper, Nicola Klatte und Jonny, Ina Stein mit Luise, Sabine Rosenbaum mit Pepper, Claudia Lammers mit Jella und Hannes, Maike Legerlotz und Sam, Melanie Picciallo mit Luke und Chica, und danke an meine beiden verstorbenen Hunde Benda und Scully.

Ich danke meinen Kunden und Kursteilnehmern, die mich immer wieder auf neue Ideen bringen, meiner Tochter, die das Beste ist, was mir je passiert ist, und meinem großartigen Papa, der auch dieses Buch bestimmt wieder in den Buchhandlungen nach ganz vorne legen wird.

Danke, dass es euch gibt!